슬픈 날엔 샴페인을

나파벨리에서 떠나는 와인여행

안내인 정지현

슬픈 날엔 샴페인을

초판 1쇄 인쇄 2018년 4월 15일
초판 1쇄 발행 2018년 4월 25일

지 은 이 정지현
펴 낸 곳 아현
펴 낸 이 권준성
편집책임 전정숙
디 자 인 엔터디자인
인 쇄 벽호
주 소 413-200 경기도 파주시 한빛로 43(야당동 501-59)
대표전화 031.949.5771
팩 스 031.946.0986
등록번호 1999.12.3. 제66호

ISBN 978-89-5878-253-7(03570)

값 13,000원

〈그여자가웃는다〉는 아현의 미즈 브랜드입니다.

「이 도서의 국립중앙도서관 출판예정도서목록(CIP)은 서지정보유통지원시스템 홈페이지(http://seoji.nl.go.kr)와 국가자료공동목록시스템(http://www.nl.go.kr/kolisnet)에서 이용하실 수 있습니다.
(CIP제어번호: CIP2018011702)」

슬픈 날엔 샴페인을

안내인 정지현

그 여자가 웃는다

책을 열면서

와인은 그저 음료일 뿐이다. 특별하지도 않고 그럴 이유도 없다. 격식도 필요하지 않고 지식이 요구되지도 않는다. 음료를 마시는 데 심각하거나 신중해야 한다면 그것이 오히려 이상한 일이다. 숟가락 젓가락을 어떻게 쥐는지가 중요하지 않은 것처럼 잔을 어떻게 들든, 병을 어떻게 따든 관계가 없다. 그저 소주나 맥주를 즐길 때처럼 편안하게 자신의 방식대로 즐기면 되는 것이다. 와인은 포도즙 외에는 아무것도 첨가되지 않은, 아무 때나 아무 곳에서나 즐길 수 있는 약한 도수의 알코올음료일 뿐이니까. 적당하게만 마신다면 건강에도 좋다는 사실은 오래 전부터 의학적으로도 증명된 사실이다.

화이트 와인이 콩나물국 같은 것이라면 레드 와인은 된장국 같다고나 할까. 콩나물국이 맑고 담백하고 고소하고 시원한 것처럼 화이트 와인도 깨끗하고 청량하고 상쾌하다. 된장국이 여러 가지 맛을 가지고 있어 맛 속에 맛이 있는 것처럼 레드 와인에는 풍부하고 복합된 여러 맛들이 있어서 한 모금을 마시고 나면 곧바로 두 번째 모금이 궁금해진다.

조금 더 맛있는 김치를 먹기 위해 훨씬 더 많은 비용을 지불하지 않는 것처럼 와인에도 큰돈을 쓸 필요가 없다. 김치가 밥상에 있기에 행복한 것처럼 와인 한 잔이 있기에 식탁이 더 풍요롭고 행복하다. 와인이 있는 식탁은 생각을 잠시 쉬어가게 해준다. 그리고 식욕과 맛의 감각만을 위해 마실 때보다 와인에 대한 약간의 상식과 흥미 있는 이야기가 곁들여지면 그 맛이 더욱 깊어지고 섬세해진다.

와인에 대한 지식이나 정보는 책이나 인터넷을 통해서 얼마든지 얻을 수 있다. 정보나 지식보다는 와인 한 잔이 있는 식탁에서 너무 진중하지 않은 인문학과 역사 이야기, 사랑과 사막과, 존재하지 않는 시간에 대해서, 그리고 길지도 짧지도 않은 인생에 대해서 얘기하고 싶었다. 틈틈히 썼던 칼럼과 단상들을 모았고 오류가 없도록 여러 자료를 참고했다. 어떤 부분은 뜻의 자연스러운 이해를 위해 원문을 그대로 옮기기도 했다. 와인의 세계가 워낙 다양하고, 맛에 대한 일정한 기준도 없고, 서로의 입맛도 지문처럼 모두 다르다 보니 다양한 견해가 있을 수 있다. 이 세상에서 제일 좋은 와인이란 없다. 가슴을 울리는 이야기, 편안한 눈빛을 주고받고 있는 지금 우리 앞에 놓인 그 와인이 바로 가장 좋은 와인이다.

노란 겨자 꽃 가득한 겨울 캘리포니아 나파 밸리에서

정지현

• 금액이나 가격은 모두 미국 달러($)로 표시하였다

• 포도 품종의 이름이나 지역, 상표 등의 이름은 미국식이나 프랑스식을 구분하지 않고 우리에게 알려진 대로 표현하였다. 프랑스 원어 발음을 우리말로 표기하는 것은 매우 어려운 일이기에 어떤 단어는 프랑스어도, 영어도 아닌 우리 식의 표현 방법대로 옮겼다.

WINE Content

깊게 보기

와인 식탁에서의 대화

사막, 시간, 와인

바디와 점수

WINE

깊게 보기

천만 원짜리 와인과 행복

존 러스킨과 깊게 보기

좋은 와인 고르기

진짜 전문가

훌륭한 사람 아니, 훌륭한 와인이 되려면

작은 양조장 큰 양조장

어머니가 중요한가, 아버지가 중요한가

천만 원짜리 와인과 행복

아주 오래되고 귀해서 천만 원짜리로 평가 받은 와인의 맛은 대체 어떨까? 표현하기조차 힘든 우아한 향과 이 세상에서는 맛보기 어려운 신비한 맛을 지녔을까? 결론부터 얘기하자면 대개의 경우 식초 맛이 날 공산이 크고 아니면 그보다 더 나쁠 수도 있다. 경매에서 가장 비싼 가격에 팔린 와인 열 개 중 하나는 1985년 영국 런던의 크리스티 경매에서 미화 156,000달러(1억7천만 원)에 팔린 프랑스의 1787년산 샤토 라피트 로쉴드(Chteau Lafite Rothschild)로 미국의 3대 대통령인 토머스 제퍼슨의 소유였다고 알려졌다(그러나 나중에 그 진위 문제가 법정 다툼으로 번졌다). 당시 그 와인을 구입한 사람은 세계적으로 이름난 미국의 경제잡지 포브스(Forbes)의 사주인 말콤 포브스의 아들이자 부회장인 크리스토퍼 포브스였다. 오래 숙성시킬 수 있다고 알려져 있는 보르도의 최상급 와인도 50년 이상은 보관하기 어렵다는 것이 일반적인 정설인데, 그 당시에 이미 200년이나 된 와인의 맛은 과연 어땠을까? 그런 와인은 아주 드문 경우를 제외하고 이미 제 맛을 잃어버린 상태였을 확률이 높다.

가끔 신문이나 방송에서 아주 유명한 와인이 엄청나게 비싼 값에 팔렸다는 기사를 본다. 그렇게 비싸게 거래되는 이유는 좀 더 특별한 맛에 대한 기대 때문이기도 하겠지만 결국은 희소성 때문이다. 세계적으로 유명한 와이너리에서 일 년에 겨우 수백 상자만 만들어낸다면 돈 많은 사람들과 와인애호가들이 몰려들 것이고, 가격이 올라가는 것은 당연하다. 철저히 공급과 수요의 법칙에 따른 것이다. 따라서 오래되고 구하기 힘든 와인을 수집하는 것은 맛을 보기 위해서가 아니라 오래된 우표나 동전을 수집하는 것과 같은 이치다.

샌프란시스코 크로니클 신문의 칼럼니스트인 허브 케인은 "와인이야말로 제 값보다 훨씬 더 많은 금액을 지불하는, 몇 개 남지 않은 호사스러운 제품의 하나다. 우리는 실제 값어치보다 더 많은 금액을 지불했을 때 그 와인을 최고로 즐기게 된다."라고 했다. 미국에서 와인사업을 크게 하는 어느 사업가의 말은 이렇다. "나는 가끔 내가 가지고 있는 가장 비싼 와인의 병에 붙어 있는 저 라벨이 떨어져 나간다면 그 값이 얼마로 매겨질지가 궁금합니다."

우리는 와인을 고를 때마다 고민한다. 맛이 좋고 괜찮은 와인을 싸게 구입하고 싶다는 열망과 값싼 와인은 품질이 떨어지지 않을까 하는 의심 사이에서 갈등하게 되는 것이다. 그래서 가격은 적당하면서도 값이 비싸 보이는 와인을 선택하게 된다. 결국 비싸게 보이는 '라벨'에 돈을 지불하는 것이다. 그러나 그 경우가 결론적으로는 와인을 오히려 비싸게 산 것이다. 기억하시라! 와인업자들은 그러한 소비자들의 심리를 누구보다도 잘 알고 있다는 것을.

와인은 실제로 그렇게 비쌀 이유가 없는 음료다. 무엇보다도 분명한 것은 와인을 만드는 데는 비싼 재료가 들어가지 않는다는 사실이다. 와인은 다른 과일들이나 마찬가지로 밭에서 나는 것이다. 더 정확하게 말하면 밭에서 자란 포도를 따서 발효시킨 다음 병에 담은 농산물일 뿐이다. 미국에서는 매일 마시는 일반적인 테이블 와인의 값이 우유 값이나 소매점에서 파는 페트병 생수 값보다도 싸고 유럽에서는 더 싸다. 다만 와인에 붙는 과대한 세금과 제조업자들에게 부과되는 여러 가지 명목의 부과금, 그리고 정치적인 문제들에서 비롯된 비효율적인 공급 방법 때문에 최종 소비자 가격이 몇 배씩이나 높아진 것뿐이다. 그래서 와인을 구입할 때마다 와인과 가격의 상관관계 때문에 무척 혼란스럽다. 와인의 맛과 값은 기분이나 분위기, 날씨, 심지어는 누구와 함께 마시느냐에 따라서도 좌우된다. 그만큼 주관적인 음료라는 말이다. 대부분의 우리들은 경제적으로 편안하지 않다. 그래서 와인의 값을 따지는 것은 중요하다. 무엇보다도 우리는 와인을 즐기기 위해 정당한 가격을 치르고 싶다.

꽃은 꽃이 아닌 것들로 이루어져 있듯 와인도 그렇다. 와인 한 잔을 깊게 들여다보면 그것은 햇빛과 흙과 물과 바람과 이국 사람들의 떠드는 소리와 참나무통의 부드러운 접촉 같은 것으로 이루어져 있음을 알게 된다. 와인을 마신다는 것은 곧 와인이 아닌 다른 성분들을 마신다는 것이다. 행복은 어마어마한 가치나 위대한 성취에 달린 것이 아니라 우리들이 별로 중요하게 생각지 않는 작은 것들, 무심히 건넨 한마디의 따뜻한 말 또는 스스럼없이 내민 도움의 손, 은연중에 내비친 작은 미소 속에 보석처럼 숨어 있는 것이다. 자신이 원하는 음식 한 그릇과 와인 한 잔이 있는 식탁은 요란하지 않은 풍요로움과 잔잔한 행복감을 가져다준다.

INFO

2017년 1월 현재, 경매를 통해 제일 비싸게 팔린 와인은?

최고급 와인을 사고 싶다는 열망은 세계적인 불황에도 불구하고 끊임없이 이어져 왔다. 아래 열거한 와인들은 종류나 병의 크기와는 관계없이 경매에서 가장 비싼 값에 팔린 가격 순으로 표기했을 뿐 더 좋고 덜 좋고를 구별해 순위를 매긴 것은 아니다. 체급별로 나뉘는 권투경기와는 달리 와인은 일정한 기준으로 나눌 수 있는 품목이 아니기 때문에 어느 것이 진정한 1위이고 10위라고 말할 수 없다.

9위. 샤토 디켐(Chateau d'Yquem) 1787년산, 100,000달러

2006년에 미국의 수집가 쥬리안 러크러가 100,000달러에 사들여 당시에는 세계에서 가장 비싼 화이트 와인의 자리를 차지했다(그러나 나중에 진위 문제로 소송에 휘말리는 바람에 가격이 급락했다). 섬세하고 향기롭고 황홀해서 '천상의 음료', '마시는 황금'으로 불리는 디저트 혹은 애피타이저 와인이다. 오렌지 꽃향기, 꿀, 파인애플, 바닐라 크림, 이국 과일의 단맛을 보여주는 샤토 디켐은 세계적인 와인생산지인 프랑스 보르도 지방 남쪽에서 생산된다. 보통은 포도나무 한 그루에서 단 한 잔의 와인만이 생산되는데, 어느 해(vintage)의 품질수준이 기준에 미달되었을 때는 아예 생산을 중단할 정도로 엄격한 기준이 적용된다. 거래는 750밀리미터 한 병이 평균 700백 달러 선에서 시작되지만 대부분의 경우 수천 달러에 거래가 이루어지고, 구하기도 어렵다.

8위. 샤토 무똥 로쉴드(Jeroboam of Chateau Mouton Rothschild)
제로보암 사이즈 1945년산, 114,614달러

지난 백 년 동안 프랑스에서 가장 우수한 와인이 생산되었다는 해에 만들어진 와인으로 1997년 런던의 크리스티 경매에서 익명의 참가자에게 114,614달러에 팔렸다. 제로보암은 4.5리터짜리 병을 말하는 것으로 표준 사이즈인 750밀리리터보다 6배나 커서 스탠더드 한 병 값으로 따져보면 23,000달러나 되는 가격이었다. 2차 대전의 막바지였던 1945년에 만들어졌고, 라벨에 영어로 승리를 뜻하는 Victory의 첫 글자인 V자가 인쇄되어 있다.

7위. 샤토 디껨(Chateau d'Yquem) **1811년산, 117,000달러**

2011년 와인감정가이며 식당 사업가인 크리스천 베네크는 당시 200년 된 1811년산 샤토 디껨을 117,000달러에 사들였고, 지금은 그의 발라인스 레스토랑(Balines Restaurant)에서 방탄유리상자 안에 넣어서 전시 중이다. 이 와인은 총 3,000병 정도 생산되었는데 현재는 전 세계에 단 10병밖에 남아 있지 않다.

6위. 샤토 라피트(Chateau Lafite) **1787년산, 156,450달러**

'억만장자의 식초'(The Billionaire's Vinegar)라고도 알려져 있는 1787년산 샤토 라피트는 1985년 런던의 크리스티 경매에서 156,000달러에 팔렸다.

입으로 불어서 만든 짙은 녹색 병에 라벨은 붙어 있지 않았고 '1787 Lafite Th. J.'라는 글자만 새겨져 있어서 미국 3대 대통령인 토머스 제퍼슨의 소유라고 믿어졌다. 하지만 나중에 진위 문제로 법정 다툼이 벌어졌고 20년도 넘는 복잡한 재판과정과 FBI의 수사를 거친 후에 가짜로 판명되었다. 미국 맨하탄연방법원은 가짜 와인 제조범에게 10년의 징역형과 2천만 달러의 추징금, 2,840만 달러의 배상금을 선고했다. 이 이야기는 뒤에 '억만장자의 식초'라는 책으로 출판되어 베스트셀러가 되었다.

5위. 샤토 마고(Chateau Margaux) 1787년산, 225,000달러

1989년 뉴욕의 와인 상인인 윌리엄 소코린이 영국의 부호로부터 미국 대통령 토머스 제퍼슨의 수집품이라고 알려져 있는 1787년산 샤토 마고를 팔아달라는 부탁을 받았다. 그는 500,000달러라는 어마어마한 가격에 와인을 내놓았고 그 가격에 덤벼든 사람은 아무도 없었다. 전문가들은 그 일을 세계적인 주목을 받으려는 의도였을 것으로 추정했다. 그런데 어느 날 저녁 그 와인을 '샤토 마고 디너'가 열리는 포 시즌스(Four Seasons) 레스토랑으로 가져갔는데 웨이터가 그것을 들고 나오다가 바닥에 떨어뜨리는 바람에 병이 그만 박살이 나 버렸다. 결국 보험회사에서 225,000달러를 지불했고, 그 와인은 한 번도 팔리지 않은 상태에서 가장 비싼 가격이 붙은 와인으로 기록됐다.

4위. 샤토 라피트(Chateau Lafite) 1869년산, 232,692달러

2010년, 홍콩에서 열린 소더비 경매에서 1869년산 샤토 마고 세 병이 각각 232,692달러에 팔림으로써 스탠더드 사이즈의 와인으로는 세계 최고가를 기록했다. 애초에 경매 예상 가격은 6,800달러였는데, 홍콩의 부호가 그보다 세 배가 넘는 값을 주고 사들인 것이다. 그러니까 한 잔에 29,000달러, 한 모금에 2,000달러인 셈이다.

3위. 하이직 샴페인(Heidsieck Champagne) 1907년산, 275,000달러

1998년, 핀란드 해역에서 가라앉아 있던 스웨덴 상선이 80년 만에 발견되었다. 그 상선은 1차 대전 당시인 1916년에 독일 잠수함에 격침되었던 배로, 침몰된 배 안에서는 프랑스의 1907년산 하이직 샴페인이 무려 2,000병이나 발견되었다. 바다 밑 63미터에 가라앉아 있던 샴페인의 외부기압은 병 내부의 기압과 거의 같은 수준이었고, 어둡고 온도가 영(0)도에 가까운 상태에서 가라앉아 있었기 때문에 배가 발견될 때까지 80년 동안이나 완벽하게 보존될 수 있었다. 이 와인들은 핀란드에서 당시 러시아의 니콜라스 2세 황제에게 바치기 위해 중립국인 스웨덴의 배에 실렸던 것이라고 하는데, 전 세계 경매장을 통해 매매되었고 각각 275,000달러에 팔렸다.

2위. 슈발 블랑(Cheval Blanc) 1947년산, 304,375달러

프랑스 생떼밀리옹(Saint-Emilion)의 유일한 임페리얼(imperial) 사이즈였던 1947년산 생떼밀리옹 슈발 블랑의 경매 예상가격은 원래 150,000~200,000달러였는데, 2010년 11월 스위스 제네바에서 열린 경매에서 무려 304,375달러에 팔렸다. 한 병의 와인으로는 세계에서 가장 비싸게 팔린 기록이다. 임페리얼은 6리터로 스탠더드보다 8배 더 큰 사이즈다.

1위. 스크리밍 이글 카베르네 소비뇽(Screaming Eagle Cabernet Sauvignon)

1992년산, 500,000달러

2000년 나파 밸리에서 열린 자선모금 경매에서 나파 밸리의 스크리밍 이글 카베르네 소비뇽 1리터짜리 6병이 시스코 시스템스(Cisco Systems)의 사장인 체이스 배일리에게 500,000달러에 팔림으로써 세상에서 가장 비싼 와인이 되었다. 하지만 자선모금 경매였기 때문에 전통에 따라 나중에 가격이 확인되었기 때문에 공식 기록으로 남지는 않았다. 따라서 비공식으로만 세상에서 가장 비싼 값에 팔린 와인이다.

존 러스킨과 깊게 보기

Wine 와인 감상법을 이야기할 때마다 세 수도사 이야기가 생각난다. 옛날 독일의 어느 수도원에서 한 수도사가 와인에서 나무의 냄새가 난다고 느꼈다. 몇 번이고 계속해서 맛을 봐도 분명히 와인 통의 나무에서 나는 맛이 아니라 다른 것에서 나는 나무 맛이었다. 그는 자신의 감각이 맞는지 확인하기 위해 동료 수도사를 불렀다. 그는 진지하게 맛을 보고 나서 "그러네요. 이 와인에는 분명 다른 맛이 있어요. 그런데 나무가 아니라 무슨 쇠붙이 맛 같은데요."라고 말했다. 두 사람은 상대방의 의견에 동의할 수 없었다. 그래서 또 다른 수도사를 불렀다. 그도 심각하게 맛을 보고는 나무나 쇠붙이가 아니라 가죽 맛이 난다고 했다. 세 사람 모두 다른 사람의 의견에 동의할 수 없어서 계속해서 맛을 보았고, 마침내 와인 통이 비어 버렸다. 그들은 왜 서로 다른 맛을 느끼는지를 확인하기 위해 급기야 와인 통을 깨보기로 했다. 그런데 깨진 와인 통의 밑바닥에는 나무 조각에 가죽 끈으로 매달려 있는 녹슨 열쇠가 놓여 있었다. 믿기 어렵다면 기록에 남아 있는 다른 이야기를 보자.

미국에서 금주령이 내려지기 전인 1920년경, 캘리포니아 주에 알몬드 모로우(Almond Morrow)라는 전설적인 와인 전문가가 있었다. 어느 날 그는 어느 와이너리의 와인 맛이 유난히 평범하다고 느꼈다. 그래서 그 이유가 분명 일정한 면적에서 품질은 생각지 않고 최대한 많은 양을 산출하기 위해 농사를 지은 결과일 것이고, 그럴 경우 그 포도밭의 주인은 분명히 땅을 담보로 은행에서 빚을 얻었을 것이라고 생각했다. 그리고 그 빚의 규모까지 예측했는데, 실제로 빚의 액수는 정확했다고 한다.

그런 사람들만큼은 아니더라도 우리는 보고, 냄새 맡고, 맛보는 일반적인 감각을 가지고 있기 때문에 여러 가지 샘플의 맛만 기억할 수 있고, 거기에다가 약간의 전문적인 테크닉만 숙지한다면 당신도 와인을 품평하는 전문가가 될 수 있다. 생각해 보면 우리의 감각은 늘 조금씩 다르다. 색깔을 감지하고 냄새를 맡고 맛을 보는 감각은 매일매일이 다르고, 하루 중에도 아침과 낮과 저녁이 다르고, 방의 온도에 따라 다르고, 잔의 크기나 모양에 따라 다르고, 조명의 상태에 따라 다르고, 심지어 누구와 함께하느냐에 따라 달라지기도 한다. 와인 한 잔을 마실 때 우리의 감각은 보통 한 가지로 모아진다. 그래서 보통은 좋다, 괜찮다, 아니면 부드럽다, 목 넘김이 좋다와 같이 총체적인 느낌만 느끼게 되는 것이다. 하지만 전문가들은 종합적으로 모아진 그러한 느낌 하나하나를 분석하고 나눈다. 와인을 전문적으로 감상한다는 것은 바로 그런 것이다.

영국의 수채화가이자 미술평론가, 비평가, 사상가인 존 러스킨은 사람들에게 데생의 중요성을 강조했고, 그 방법을 가르치는 데 많은 노력을 기울인 사람이었다. 데생은 인류에게 글을 쓰는 기술보다 현실적으로 더 중요하며 글쓰기와 마찬가지로 모든 아이들에게는 반드시 가르쳐야 하는 기술이라고 주장했다. 데생은 아이들에게 보는 법을 가르쳐주는데, 그냥 눈만 뜨고 보는 것이 아니라 살피게 해주기 때문이라는 것이다. 말하자면 눈앞에 놓인 것을 우리 손으로 재창조하는 과정을 통해 아름다움을 구성하는 요소들을 깊이 이해할 수 있고 그 아름다움의 구성요소들에 대해 좀 더 확고한 기억을 가지게 된다는 것이다. 프랑스의 오르세 미술관이나 루브르 박물관, 영국의 대영박물관 같은 곳을 가보면 실제로 어느 그림 앞에서 열심히 그것을 따라 그리는 사람들을 볼 수 있는데, 바로 그런 이유에서 와인을 감상하는 것도 러스킨의 주장과 다를 것이 없다. 단순하게 마시고 느끼는 것이 아니라 그 안에 녹아 있는 세계를 하나씩 분석하고 음미하면서 느껴보는 것, 다시 말해 '깊게 보기'라고 할 수 있다.

깊게 들여다보고 있노라면 어느 순간 시간과 공간을 잊어버리게 된다. 들여다보고 있는 자신도 잊어버리게 된다. 그러한 순간을 자꾸 경험하다 보면 어느 순간 가만히 들여다보고 있는 나를, 그 나를 보고 있는 또 다른 나를 발견하게 된다. 그게 진짜 나다. 진아(眞我), 참나 혹은 여여(如如)라고도 표현한다. 진짜 내가 존재한다는 사실을 대부분의 우리들은 모르고 살아가고 있다. 사랑과 슬픔과 고통을 안고 현실을 열심히 살아가고 있는 그 나를 진짜 나라고 생각하는 것이다. 진짜 나라는 것이 내 안에서 존재한다는 사실을 깨닫게 되면 가짜 나를 객관적으로 볼 수 있게 된다. 나 자신을 객관적으로 보며 산다는 것은 상황이나 환경으로부터 휘둘리지 않고 살 수 있는 매우 지혜로운 삶의 방식이다. 깊게 보면 삶은 지금 여기에, 행복도 바로 여기에 있다는 것도 알게 된다.

좋은 와인 고르기

많은 사람들이 묻는다. "어떤 와인이 좋아요? 하나만 추천해 주실래요?" 그런데 이런 질문의 이면에는 사실 바쁘다는 뜻이 숨어 있다. "골치 아프게 긴 설명은 필요 없어요. 그냥 어디서 무슨 와인을 사야 되는지만 알려주시면 돼요."라고 하는. 물론 그 질문에 간단하게 답해줄 수도 있다. 하지만 유감스럽게도 그런 대답은 정확한 것이 될 수 없다. 왜냐하면 와인은 잠시도 쉬지 않고 변하는 음료이기 때문이다. 같은 종류의 포도를 같은 밭에서 재배해서 같은 방법으로 와인을 만들어도 해마다 상황이 다르고 매달 통 속에서 숙성되는 상황도 다르다. 그리고 선반에 올라앉아 있는 병 속의 와인도 미세하게나마 끊임없이 변하고 있다. 따라서 지금 이 순간에 추천한 와인이 여러분이 언제 이 글을 읽느냐에 따라, 또는 어느 지역에 있는 사람인가에 따라 전혀 맞지 않는 정보가 될 수 있는 것이다.

좋은 와인을 고를 수 있는 유일한 방법은 오직 시음뿐이다. 물론 현실적으로 쉬운 얘기는 아니다. 그 때문에 지금 '좋은 와인 고르기'라는 제목으로 글을 쓰고 있는 것이다. 시음을 하는 방법은 여러 가지다. 와인 가게를 방문해서 샘플로 제공하는 와인을 시음하거나, 와인동호회에 가입하거나 와인시음회에 적극적으로 참석하거나, 아니면 와인 바의 전문가와 일부러라도 친해져서 가끔씩 시음할 수 있는 기회를 얻거나 추천을 받는 것 등이다. 물론 이 모든 방법이 쉬운 것은 아니다. 우리들 대부분은 그렇게까지 넉살이 좋지도 않고 시간도 많지 않으며 경제적으로도 자유롭지 못하다.

그렇다면 이런 방법은 어떨까? 가까운 친구들과 모임을 만들거나 마음에 드는 동호회에 가입하는 것이다. 많으면 많을수록 좋은데 회원들이 각자 마음에 드는 와인을 한 병씩 준비해온다. 다만 종류는 한 가지로 통일한다. 레드 와인이라면 카베르네 소비뇽이나 피노 느와, 화이트 와인이라면 샤도네이나 소비뇽 블랑 같은 것으로 말이다. 그리고 만날 때마다 와인의 종류를 바꿔가며 블라인드 테이스팅(blind tasting)을 한다. 모든 병을 구별할 수 없게 은박지나 종이봉지로 완전하게 싸서 가리고 겉면에 번호를 적어둔다. 그리고 하나씩 맛을 본 다음 통일된 채점방식으로 점수를 매긴다. 제일 많은 점수를 받은 와인이나 관심이 가는 와인이 있다면 그것을 천천히 다시 한 번 음미해본다. 그렇게 해서 확신이 들면 그 와인을 가져온 사람에게 정보를 얻어서 즉시 구입하는 것이다. 여기서 중요한 점은 '즉시'라는 것이다. 지금 당장이 아니라 며칠 또는 몇 주를 기다리면 그 와인은 영영 구하지 못할 수 있다. 구했다 해도 그때 맛보았던 그 맛이 아닐지도 모른다. 경제적으로 허락하는 만큼 그리고 보관할 수 있는 한도 내에서 가능한 한 많이 구입해두길 바란다. 스쳐 가버린 사람처럼 당신이 좋아하는 그 와인도 두 번 다시 이 세상에 나오지 않기 때문이다.

비싼 와인이 확실히 좋긴 좋다? 몇 가지 단서를 가지고 '그렇다!'고 말할 수 있다. 자동차나 집이나 대부분의 물건들도 비싼 만큼 좋은 것이 보통이다. 하지만 와인은 꼭 그렇지만은 않다. 주관적인 음식이기 때문이다. 내 입에 맛있는 된장국이 다른 사람에게도 꼭 맛있으라는 법은 없다. 와인의 품질은 가격에 반드시 정비례하지는 않는다. 비싼 와인은 많은 사람들이 좋아하는 최대공배수의 향과 맛을 지녔기 때문에 대부분 훌륭하다고 말할 수는 있지만 그렇다고 해도 여전히 사람들의 입맛은 저마다 다르다. 와인 생산업자들은 최근에 어떤 품종의 와인이 인기가 좋은지, 소비자들은 어떤 가격대를 선호하는지를 잘 알고 있다. 와인도 철저히 수요와 공급의 법칙의 지배를 받고 있기 때문에 양질이면서도 적은 양만을 생산한 와인의 가격은 비싸다. 그럼에도 불구하고 와인의 가격과 품질 사이에는 일정한 방식이 적용되지 않는다.

와인은 그저 변하는 음식일 뿐이다. 오래되고 비싼 와인의 맛이 기대에 못 미치는 경우도 많고, 저렴한 와인 중에서도 훌륭한 것들이 있다. 최고로 비싸고, 최고로 좋은 와인이라는 것은 없다. 그런 것은 경제적으로 전혀 곤란함이 없고 호사를 좋아하는 소수의 사람들에게만 중요한 말일 뿐이다. 그들은 와인을 마시는 것이 아니라 라벨과 가격을 마시는 것이다. 좋아하는 사람을 위해 와인 한 병을 살 때는 가격이 얼마인지가 중요하게 느껴지지 않지만 반갑지 않은 사람에게 와인을 대접할 때는 저렴한 와인도 비싸게 느껴진다.

오랫동안 선반에 세워 두었던 와인은 사지 말아야 한다. 코르크마개가 말라서 공기가 차단되지 않고 드나들어서 맛이 변해 버린 상태이기가 쉽기 때문이다. 오히려 값이 싼 와인이 보관상태가 좋을 수도 있다. 소비자들의 눈이 잘 미치지 않는 선반의 맨 아랫부분이나 구석에 자리 잡고 있을 경우, 그 자리는 온도도 낮고 불필요한 광선도 비치지 않아서 자연스럽게 좋은 조건에서 보관이 되기 때문이다. 비싼 와인은 눈에 더 잘 띄게 하려고 밝은 조명이 내리비치는 선반의 윗부분이나 창가에 진열되는 경우가 많다. 그 차이가 미미할 수도 있지만 그런 와인은 이미 가장 훌륭했을 때의 맛을 잃어버린 뒤이기 쉽다. 와인이 가장 싫어하는 것이 햇빛이기 때문이다.

따라서 와인을 고를 때는 최소한의 지식은 가지고 있는 것이 좋다. 그것은 와인을 구입하려는 사람의 열정이자 의무다. 좋은 와인은 아는 만큼 보인다. 우리가 가진 것으로 사람을 평가하지 않는 것처럼 와인도 마찬가지다. 값이 싼 와인을 구입한다고 해서 부끄러움을 느낄 필요는 없다. 진정으로 와인에 관심이 있는 사람은 값이나 라벨에 점을 찍지 않는다. 라벨보다는 와인의 진면목을 보려고 애쓴다.

INFO

원하는 와인을 고르려면 무엇보다 먼저 라벨(label)을 읽을 줄 알아야 한다.

와인의 라벨은 한 사람의 이력서와 같다. 이력서가 그 사람을 보장해주는 것은 아니지만 그의 출생년도, 출신지역, 전공 등 기본적인 정보를 제공해 줌으로써 그 사람을 대략적으로 가늠할 수 있게 해준다. 라벨 역시 그 와인에 대한 기본적인 정보를 제공한다.

라벨을 만들어 붙이는 데는 엄격한 법이 있고 나라마다 조금씩 다르다. 미국에서는 품종과 지역의 이름을 반드시 명기해야 하지만 스페인이나 프랑스, 독일, 이태리 같은 나라에서는 품종의 이름을 표시하지 않아도 된다. 라벨에 '카베르네 소비뇽, 캘리포니아'라고 적혀 있다면 법적으로 그 와인을 만드는 데 쓰는 포도는 100퍼센트 캘리포니아에서 생산된 것이라야 하고, 카베르네 소비뇽 품종이 75퍼센트 이상 들어가야만 한다.

라벨에 적혀 있는 지역이 크고 전체적이면(예: 캘리포니아), 작고 특정한 지역(예: 나파 밸리의 오크빌)이 적혀 있는 것보다 품질도 떨어지고 가격도 낮다. 왜냐하면 캘리포니아는 대한민국보다 네 배 이상이나 면적이 크기 때문에 저가 와이너리는 원가를 절감하기 위해 몇 시간 거리에 있는 곳으로부터 포도를 가져와서 와인을 만들 수도 있기 때문이다. 반면에 '나파 밸리의 오크빌'처럼 어느 특정 지역이 표기되어 있다면 그 포도는 집중적으로 관리되어 그 지역 고유의 특성을 고스란히 담고 있어서 양질의 와인이 될 수 있다.

특별할인가나 세일에 나오는 와인도 주의해야 한다. 마켓에서 와인을 세일로 내놓았다면 이유는 오직 두 가지 중 하나다. 안 팔려서 재고정리를 하려고 내놓았거나 아니면 해를 넘겨서 신선함을 잃어버렸거나 잃어버릴 시기가 되었기 때문이다. 세일 와인이 모두 의심스러운 것이라고는 할 수 없겠지만 값이 싸다고 무조건 사지 말고 좀 더 신중하게 선택하는 것이 좋다.

'나는 단 와인을 싫어하니까 드라이한 걸로 주세요.'라고 요청할 때도 '달다'는 말의 의미를 정확히 알아야 한다. 실제로 단맛이 나는 와인은 포트(port)나 리슬링(Riesling)뿐이고, 포도 그 자체의 맛이 나는 와인은 머스캣(또는 모스카토)과 콩코드 두 품종뿐이다. 나머지 모든 와인은 사실 포도가 아닌 다른 과일의 맛과 향으로 구성되어 있다.

좋은 와인에서는 단순히 단맛만 느껴지는 게 아니고 깊고 여운이 남는 뒷맛, 또는 풍부하고 농익은 과일의 맛과 향을 한껏 느낄 수 있다. 따라서 무조건 드라이한 와인을 요청하기 전에 어떤 품종의 와인인지를 먼저 살펴

보는 것이 좋다. 게다가 우리의 혀는 놀랍도록 적응이 빨라서 시큼하고 떫은맛도 일주일만 지나면 단맛으로 느끼기 시작한다.

진짜 전문가

Wine 당신이 한 번쯤 와인을 마셔보고 그 와인의 맛이 시다든지 떫다든지 조화로웠다고 얘기할 수 있다면 이미 당신은 와인 전문가라고 할 수 있다. 하지만 그 정도가 아니라 조금 더 진지한 의미의 전문가가 되고 싶다면 기본적인 상식과 더불어 약간의 지식을 갖출 필요가 있다. 코를 잔 속

에 깊게 박고 그 향에 대해 얘기할 줄 알아야 하고 혀에서 느껴지는 맛을 어떤 표현이라도 좋으니 자신의 방식대로 말할 줄 알아야 한다. 좀더 나아가 포도에서 발효된 수백 가지 과즙의 서로 다른 맛과 향, 색을 구분할 줄 알고, 읽기 힘든 라벨을 이해할 수 있으며, 각 나라의 지형과 날씨와 흙의 성질을 이야기할 수 있는 자격을 갖춘 와인 전문가가 되고 싶다면 그보다 더 심각해져야 한다. 직업적인 와인 전문가가 되려면 많은 시간과 돈, 그리고 무엇보다도 열정을 투자해야 한다.

하지만 그 정도 수준의 전문가가 될 필요는 없다. 모두가 이미 나름대로 전문가들이기 때문이다. 김치나 된장찌개, 소주나 맥주, 담배, 고기 등의 맛을 나름대로 구분해낼 수 있고 그것에 대해 거리낌 없이 자기 의견을 이야기하는 데 부끄러움을 느끼지 않는다. 마찬가지로 와인에 대해서도 자신의 의견을 망설이지 않고 이야기할 수 있다. 입맛은 각자의 지문처럼 모두 다르기 때문이다.

전문가는 자신의 분야에 대한 전문 지식을 가지고 있어서 멋있기도 하지만 자기 분야 외에는 잘 모르기 때문에 멋있기도 하다. 모르기 때문에 생기는 여유와 순진함 때문이다. 우리 주변엔 아는 사람들이 너무 많다. 모르는 것이 없을 정도로 잡다하게 아는 사람들, 하지만 그런 사람들에게는 새로운 것이 들어설 자리가 적다. 그리고 그들이 알고 있는 지식도 사실은 신문이나 방송에서 이미 떠들어댄 남의 소리에 불과하다. 많이 안다고 떠드는 것은 그만큼 모르는 것이 많다는 반증이다. 자신의 것이 아닌 것을 많이 아는 것은 종종 병이 되기도 한다.

다양한 와인의 맛을 보고 가장 마음에 드는 것을 선택하는 것이 비법인데도 불구하고 평점이 높거나 유명한 브랜드의 와인만을 구입하려고 애를 쓰는 사람들이 많다. 미국의 어느 대학원에서 진행한 미각에 관한 연구에 따르면, 어떤 특정한 맛의 음료를 시음했을 때 미각이 무딘 사람이 6명, 보통 수준의 미각을 가진 사람이 12명, 고도로 미각이 발달한 사람이 5명이었다. 결과적으로 인구의 78퍼센트 이상이 중간 정도나 그 이하의 미각을 가졌으며 사람마다 맛을 느끼는 정도가 다르다는 것이다. 누구에게는 맛있는 된장찌개가 누구에게는 그렇지 않을 수도 있다. 따라서 남들의 평가에만 매달리지 말고 자신의 입맛에 맞는 와인을 고르는 것이 바람직하다.

자기 입맛에 맞는 와인을 찾는 일은 달리 말해서 여정이라고 표현할 수 있다. 그렇기 때문에 어느 금액 안에서 찾아달라는 식으로는 곤란하다. 방금 깎은 잔디, 마른 땅에 비가 내릴 때의 흙냄새, 자몽, 열대우림에나 있을 것 같은 과일의 향, 어디에선가 맡아본 것 같은 이름을 알 수 없는 꽃의 향기, 옅은 꿀 냄새 등 어떤 표현이라도 괜찮으니 자신의 소리를 내면서 자기가 원하는 스타일의 와인을 찾아가면 된다.

우리가 와인의 맛을 판단할 때 영향을 미치는 변수가 워낙 다양해서 와인 맛을 평가하기란 쉽지가 않다. 건강 상태나 수면시간, 배고픔의 정도, 나이, 성별 등 수없이 많은 요인의 영향을 받기 때문이다. 게다가 사람은 기계가 아니다 보니 맛과 냄새 감각이 둔화되었다가 회복되는 현상을 겪게 되고 맛과 맛 사이의 상호작용도 피해갈 수 없다. 과학자들의 연구 결과를 보면 쓴맛이 다른 맛보다 입안에 더 오래 남고 신맛의 회복 속도가 가장 빠르다고 한다. 냄새는 맛보다 둔화 현상이 일찍 나타나고 반면에 회복 속도는 더 더디다고 한다. 냄새를 맡는 동안 그 냄새의 본질이 변하기도 하는데, 처음에는 어떤 과일 냄새라고 느꼈는데 계속 맡다 보면 흙냄새라고 느끼기도 한다.

심지어 종교, 문화, 사회적인 요인의 영향에 따라 사람들마다 다른 판단을 내리기도 한다. 우리나라의 경우에도 남쪽 지방의 김치는 짜고 강한 젓갈 맛이 난다면 북쪽 지방에서는 심심하고 담백한 맛의 김치를 선호한다. 남쪽 지방에서는 겨울철에도 기온이 높아서 김치가 빨리 발효되기 때문에 예전부터 김치를 짜게 담그고 젓갈도 여러 가지를 많이 넣지만 북쪽 지방에서는 겨울이 춥고 길어서 김치를 짜지 않게 담그고 새우젓, 조기젓, 명태 정도만 쓴다. 사람들은 어릴 때부터 먹어오면서 익숙해진 김치 맛을 좋아해서 미미하게라도 남쪽과 북쪽 사람들의 입맛이 다를 수밖에 없다. 와인의 맛도 이처럼 여러 가지 요인에 따라 주관적일 수밖에 없다. 그 때문에 마음에 드는 와인을 찾아내는 것을 오로지 자신만의 여정이라고 하는 것이다.

진짜 와인 전문가는 열 개의 부족한 점보다 하나의 훌륭한 점을 이야기한다. 가격보다는 맛을 더 중요하게 여기며, 라벨보다 와인 자체를 즐긴다. 또 새로운 와인이나 새로운 지역의 와인을 맛보는 것을 주저하지 않는다. 전문가는 멋있다. 하지만 전문가는 아니지만 호기심과 열정으로 진지하게 와인 병을 들여다보는 사람은 더 아름답다.

INFO

진짜 전문가와 중국

프랑스에서 가장 권위 있는 월간 와인잡지, 프랑스 와인 리뷰(The Wine Review of France)에서 주최한 제4회 세계 와인 블라인드 테이스팅 대회가 지중해 연안의 프로방스 지방에서 열렸다. 전 세계에서 21개 팀이 출전하여 6종의 화이트 와인과 6종의 레드 와인을 블라인드 테이스팅한 뒤에 와인의 품종, 생산국, 생산지역, 생산년도를 맞추는 대회였다.

네 명으로 구성된 중국 팀이 우승을 차지했고 프랑스가 2위, 미국이 3위, 그리고 지난 대회에서 우승을 했던 스페인은 고작 10위에 그쳤다. 중국인들이 우승을 차지한 이 대회를 프랑스 인들은 '와인 세계의 벼락(thunderbolt)'이라고 불렀다. 이제 진짜 전문가는 와인종주국의 백인들만이 아니라 국적, 인종과 관계없이 누구나 집중력, 기억력 등의 훈련으로 배출될 수 있다는 것이 새삼 증명된 것이다.

그런데 이것이 처음은 아니었다. 지난 2011년 디캔터 월드 와인 어워즈(Decanter World Wine Awards)가 주최한 대회에서 중국의 허란 칭슈에가 만든 2009년산 지아배이란(Jia Bei Lan, 加贝兰:)이라는 레드 블랜드 와인이 세계적인 프랑스의 보르도 와인을 제치고 13달러 이상 와인급에서 금상을 수상했다. 지아배이란은 간쑤성의 회족자치지역인 닝시아(宁夏) 지방의 허란샨(賀蘭山)에서 만들어진 와인이다. 해발 2,000미터의 건조한 사막 같은 지역으로 뜨겁지 않은 여름과 춥고 긴 겨울이 나타나는 그 지역의 포도 재배 방식은 지중해성 기후에서의 재배 방식과는 많이 다르다. 최근 허란샨 동쪽에는 수많은 와이너리들이 빠르게 들어서고 있으며, 12차 와인산업중흥 5개년 계획에 따라 100개 이상의 와이너리를 세우는 것을 목표로 하고 있다.

중국 와인의 역사는 1800년대 말까지 47년간 정권을 쥐고 흔들었던 청나라 말기의 독재 권력자였던 서태후(西太后)로부터 시작된다. 와인 애호가였던 그녀가 현재의 엔타이(산동) 지역에 개인 와이너리를 세웠던 것이 중국 와인 산업의 효시다. 현재 중국 와인 산업의 시초이자 대표적인 와이너리인 창유(張裕, Changyu)가 그곳에 있는 이유다. 중국의 와인 산업은 해마다 급성장하고 있다. 재배 면적은 약 8백만 헥타르로 전 세계에서 가장 큰 스페인 다음으로 두 번째 큰 규모이며 와인 생산량으로는 현재 세계 5위다. 와인 소비량은 프랑스, 미국, 이태리에 이어 세계 4위다. 현재 칠레 와인의 최대 수입국도 바로 중국이다. 이처럼 세계의 와인 지도는 천천히 그러나 분명하게 변하고 있고 진짜 전문가의 위상이나 모습도 전 세계적인 것으로 바뀌어가고 있다.

오늘날 중국의 많은 젊은이들이 프랑스로 와인 유학을 떠난다. 보통 1년 코스를 선택하는데 일 년 수업료가 15,000달러나 된다. 그럼에도 불구하고 중국에서는 와인 전문가가 장래가 매우 촉망되는 좋은 직업이기 때문에 와인학교들 대부분이 가정 형편이 넉넉한 중국 학생들로 북적인다. 좋은 급이면서도 가격은 비싸지 않은 프랑스의 보르도 와인은 중국시장에서 가장 인기가 높다. 또한 중국의 와이너리들에서 프랑스의 와인 메이커들을 공격적으로 채용하면서 프랑스 스타일의 와인을 만들어내고 있으며 심지어 잭 마(Jack Ma, 알리바바 창업자) 같은 중국의 갑부들은 프랑스 와인의 본고장인 보르도 지역의 와이너리들까지 사들이고 있다. 이제까지 중국인들이 사들인 와이너리가 보르도 지역에서만 100개가 넘는다.

훌륭한 사람 아니, 훌륭한 와인이 되려면

Wine 전문가들은 자기 나름의 견해로 훌륭한 와인에 대한 여러 가지 요소에 대해 이야기한다. 그것을 종합해보면 대략 이런 결론이 나온다.

첫째, 와인은 깨끗하고 보기 좋아야 한다.

우리가 음식점에서 음식을 시켰을 때 정갈한 반찬과 깨끗한 그릇, 희고 기름기 흐르는 밥과 국을 기대하는 것과 같다. 지저분한 컵이나 반찬을 보면 먹기도 전에 부정적인 느낌이 든다. 사람의 눈은 다른 감각기관들보다 가장 먼저, 그리고 가장 강력한 선입감을 심어준다. 안이비설신의(眼耳鼻舌身意)라는 한 자말은 우리의 감각기관이 정보를 가장 많이 처리하는 순서대로 늘어놓은 것이다. 눈은 우리가 취하는 정보의 75퍼센트를 처리한다. 와인을 맛볼 때도 첫인상이 전체 점수의 15퍼센트를 차지할 정도로 중요하다. 와인의 색은 품종이나 연도 수에 따라 다르긴 해도 일반적으로는 깨끗하고 맑고 상쾌하게 살아 있어야 한다.

둘째, 와인은 반드시 향을 지녀야 한다.

모든 꽃들이 사랑받을 가치가 있지만 장미꽃이 특히 사랑을 받는 이유는 향기 때문일 것이다. 향이 없는 꽃을 상상하기 어렵듯 향이 없는 와인도 있을 수 없다. 성실한 삶을 산 사람에게 풍겨나오는 그 사람만의 향이 있는 것처럼 잘 숙성된 와인 역시 그 와인만이 지닌 훌륭한 향이 있다.

셋째, 와인의 노즈(nose)와 맛은 흥미로워야 한다.

와인 병을 열었을 때 처음 우러나오는 과일이나 꽃의 냄새를 아로마(aroma)라고 하고 와인 자체의 독특한 냄새를 부케(bouquet, 와인의 제조과정이나 숙성과정에서 생성되는 와인의 냄새 또는 향기)라고 한다. 이 둘을 합쳐서 보통 와인의 '노즈'라고 표현한다. 와인은 첫 한 모금보다 둘째, 셋째 잔으로 갈수록 괜찮다는 느낌이 들어야 한다. 처음 만났을 때보다 자꾸 만날수록 관심이 더 가는 사람처럼 와인도 복잡미묘하고 맛 안에 맛이 있어서 마실 때마다 여러 가지 다양한 맛의 감각을 건드려줘야 한다. 시카고에 있는 냄새학연구소에 따르면, 사람의 코는 약 만 가지 이상의 냄새를 구분해낸다고 한다. 맛을 인식하는 감각이 혀보다 코에 더 밀집해 있다는 것이다. 코가 막히면 아무런 맛도 향도 느낄 수 없다. 따라서 커피를 마실 때에도 대롱으로 빨아 마시지 말고 플라스틱 뚜껑을 열고 그 냄새를 즐기며 마시는 것이 옳다.

넷째, 와인의 맛은 반드시 조화로워야 한다.

만약 단맛이 지배적이라면 신맛이나 떫은맛이 함께 보조를 해줌으로써 조화를 이뤄야 한다. 그렇지 않으면 맛이 평범해지는 것이다. 와인에서 떫은맛은 매우 중요한 요소다. 우리 몸으로 치면 척추, 집으로 치면 기둥 같은 역할을 하면서 와인을 오래 숙성시킬 수 있게 하고 조화롭게 해준다. 만약 달지 않은(dry) 와인이라도 맛이 거칠거나 텁텁해서는 안 된다.

다섯째, 와인은 반듯이 바디(body)를 지녀야 한다.

바디란 곡선이 아니라 육신을 뜻한다. 당신의 육체를 구성하고 있는 요소들 즉 살과 뼈, 피와 체액 등을 이야기하는 것과 비슷하다. 보리차나 우유를 입에 머금었을 때와 생수를 머금었을 때의 차이가 바로 그것이다. 질감(質感)이라고 할 수도 있다. 바디의 무게는 스테이크를 구운 정도를 말할 때처럼 크게 세 등급으로 이야기한다. 풀(full) 바디, 미디엄(medium) 바디, 라이트(light) 바디다. 바디가 약하면 맛이 엷게 느껴진다. 풀 바디 와인은 알코올 도수도 높고 묵직해서 오래 숙성시키기에 적합하다. 권투로 따지면 헤비급에 해당하는 체급이다. 레드 와인에서는 카베르네 소비뇽, 시라 등의 품종이 풀 바디이며, 화이트 와인의 경우에는 샤도네이가 대표적이다. 미디엄 바디의 대표적인 레드 품종은 바베라, 카베르네 프랑, 멀로, 템프라니요(Tempranillo) 등이며 화이트 와인에서는 게뷔르츠트라미네르(Gewuürztraminer), 피노 블랑 등이 대표적이다. 라이트 바디의 레드 품종은 피노 느와와 산지오베제, 화이트 와인은 피노 그리지오, 리슬링 등이다.

여섯째, 젊은 와인은 신선하고 포도 그 자체에서 나오는 풍부한 향이 있어야 하고, 오래된 와인은 통 속에서 머물며 숙성되는 과정에서 우러나온 복합된 성분의 뉘앙스를 지녀야 한다.

나이 들면서 육신은 탄력을 잃어도 지성과 인품은 오히려 더 빛날 수 있는 것처럼 오래된 와인도 원만하고 원숙해야 한다. 와인의 맛과 향은 오크통 안에서의 숙성 과정이 결정적인 역할을 한다. 특히 젊은 와인일수록 오크통의 영향을 더 많이 받는다. 된장찌개를 끓일 때에도 맛있는 된장 외에 갖은 양념이 필요하다. 된장이 포도주스라면 감자, 호박, 파, 소금, 고기나 해산물, 조미료 등의 양념은 오크통이다. 와인은 숙성되어갈수록 오크통에서 우러나오는 맛과 잘 어우러져 조화를 이루며 훌륭한 와인으로 완성되는 것이다.

그 밖에도 훌륭한 와인을 만들어주는 여러 가지 요소들이 있다. 일반적으로 한 병의 와인에는 여러 품종이 섞여 들어가지만 주된 품종에서 나오는 그것만의 독특한 개성, 즉 화이트 와인이라면 글리세린 같은 부드러움이 있고, 레드 와인이라면 아주 약간의 신맛과 떫은맛의 정교한 배합 등이 있다.

와인을 즐기는 데 공부가 필요하고 세밀하게 들여다보기까지 해야 한다고 불만을 가질 수도 있다. 하지만 최소한의 이해는 필요하다. 와인은 아는 만큼 즐기는 음료이기 때문이다. 오페라를 감상할 때도 음악의 배치와 조명이나 의상, 작품 구성 등에 대해 최소한의 이해를 가지고 있으면 감동이 더 커지는 것과 같은 이치다. 기본적인 지식을 가지고 보면 한 병의 훌륭한 와인이 되기 위해 거쳐야 하는 과정이 마치 한 사람이 인생을 성실하게 마무리하는 과정을 보는 것처럼 느껴지기도 한다.

작은 양조장 큰 양조장

Wine 흐린 하늘 밑의 겨울 포도밭은 우르르 몰려다니는 새떼들을 빼면 아무 움직임도 없어 보인다. 하지만 겨울은 새로운 와인이 태어나기 위해 다시 준비하는 계절이다. 겨울엔 포도나무 밭 사이사이에 풀씨를 뿌린다. 이것을 커버 크랍(cover crop)이라고 한다. 경사진 땅에는 특히 중요한 과정인데, 풀이 자라 경사진 언덕의 흙이 깎여 내려가는 것을 막아주고 빠져나간 탄소나 질소, 칼륨 등 중요한 영양소를 보충해주기 때문이다. 주로 클로버와 콩, 귀리, 보리, 또는 겨자 꽃 같은 것들을 심는데, 이런 작물들은 수확량도 높여주고 흙의 성질을 좋게 해주며 비가 내리지 않아 메마른 밭에서 적은 양이나마 수분을 머금어주기 때문에 흙의 습도를 유지할 수 있게 해준다. 하지만 포도나무 새싹이 올라오고 꽃이 피기 시작하면 모두 깎아내야 한다. 흙에 있는 영양분이 그대로 나무에게 전달되게 하기 위해서다. 반대로 평평하고 수분이 많은 땅이라면 풀이 그 수분을 대신 머금고 있도록 깍지 않고 그냥 내버려둔다. 그 해에 가뭄이 심했다면 새순이 돋기 한 달 전인 겨울부터 나무에 충분한 물을 지속적으로 뿌려줌으로써 수분이 흙 속으로 깊이 들어갈 수 있게 해준다.

이른 봄에는 가지치기(pruning)를 시작해야 한다. 가지치기는 오랜 경험이 필요한 일이다. 가지치기는 포도나무의 골격이 건강하게 유지되고 열매가 튼실하게 맺히는 데 결정적인 역할을 한다. 봄이 한창일 때는 새로 올라온 어린 이파리를 조심스럽게 솎아내고, 작은 꽃이 열매로 변하는 늦봄에는 갓 태어난 아기를 걱정하듯 매일같이 내일의 날씨를 주시해야 한다. 갑자기 서리라도 들이닥치면 그해의 농사가 수포로 돌아가기 때문이다. 평지에 있는 포도밭은 산에서부터 내려오는 무겁고 차가운 기운에 얼어버릴 수도 있기 때문에 커다란 선풍기 같은 것을 밭 한가운데 설치해서 찬 기운을 휘저어주거나 나무 위에 스프링클러를 설치해서 물을 뿌려준다. 잎이 무성하게 오르기 시작하는 초여름에는 잎을 하늘 쪽으로 추켜올리고 철사로 고정시켜서 가능하면 포도송이가 햇빛을 많이 받을 수 있게 해준다.

작은 양조장의 주인은 해가 잘 들고 아침저녁으로 서늘한 기후에서 우수한 품종의 포도나무를 재배한다. 낮과 밤의 온도 차이가 당도와 산도가 풍부한 열매를 맺게 해준다. 여름을 보내고 수확을 준비해야 하는 9월이 되면 그는 작고 초라한 연구소에서 매일매일 포도알의 산도와 당도를 테스트한다. 마침내 때가 됐다고 생각되면 미숙하거나 온전하지 않은 송이는 그대로 나무에 남겨두고 완전하고 충실한 포도송이만 골라 해가 뜨기 전부터 따기 시작한다. 해가 오르면 선선했던 아침 기온이 올라가면서 포도 알의 당도와 산도에 변화를 줄 수 있기 때문이다.

그런데 양질의 포도송이만 선별해서 수확하기 때문에 같은 면적의 땅에서 남들이 거둬들이는 양보다 적게 수확한다. 매일 마시는 일반적인 품질의 와인을 만든다면 세 배가 넘는 포도를 수확할 수 있는데도 말이다.

모두 손으로 수확한 포도는 즉시 양조장으로 옮겨지고 컨베이어 벨트를 타고 이동하면서 한 알 한 알을 손으로 가려낸다. 바람 빠진 고무풍선 같은 것이 들어가 있는 둥근 압착기 안으로 들어간 포도 알들은 풍선이 천천히 부풀어 오르면서 벽으로 밀려가고 부드럽게 으깨어진다. 그렇게 짜인 포도주스 원액을 머스트(must)라고 부른다. 플라스틱이나 고무호스를 타고 발효 통으로 옮겨진 머스트가 발효되는 동안 작은 양조장의 주인은 정해진 시간마다 발효 통의 온도를 확인하고 발효될 때 생기는 열 때문에 위로 솟아오르는 씨앗과 껍질을 지속적으로 휘저어준다. 껍질과 씨앗에서 색을 비롯해 타닌과 그 밖의 여러 가지 성분을 얻기 위해서이다.

발효가 끝난 머스트는 드디어 와인이라고 불리게 된다. 이제 막 발효가 끝난 와인은 길들여지지 않은 말처럼 정숙하지가 않다. 완전한 와인으로 탄생시키려면 숙성 과정은 꼭 필요하다. 고급 와인의 경우, 어둡고 온도와 습도가 일정한 창고 안에서 2, 3년 정도 머무르게 된다. 작은 양조장에서는 각각의 통에 세세하게 기록된 그만의 이력서를 붙여서 보관한다. 숙성을 마치고 와인을 병입(bottling, 병에 음료를 채워 넣기)할 때는 값이 좀 더 나가는 긴 코르크(cork) 마개를 사용해서 봉하고(고급 코르크 하나의 가격은 3달러 정도이다) 다시 1년이나 2년 정도 창고에서 더 보관된다. 해가 지날수록 와인들은 늘어가고, 한 병 한 병 숙성되면서 나갈 순서를 기다리게 된다. 이렇게 만들어진 그의 와인은 다른 지역에서 일반적으로 생산된 와인들에 비해 값이 비쌀 수밖에 없다.

양질의 와인을 만들기 위한 방법은 큰 양조장에서도 별 차이가 없지만 작은 양조장보다 작업 과정이 훨씬 능률적이다. 과학적인 발효와 품질관리 방식, 자동화된 대량생산 시설 그리고 대량판매와 마케팅 시스템 덕분에 병에 붙어 있는 라벨을 떼어버리면 작은 양조장에서 나온 와인과 구분하기 힘들 정도로 양질의 와인이 만들어진다. 이러한 시스템은 미국 와이너리의 공헌이라고 할 수 있다. 13~14도 정도의 온도를 유지하고 있는 대규모 숙성창고에는 대부분 225리터짜리 오크통들이 채워져 있고 60~70퍼센트의 습도를 지키기 위해 규칙적으로 수증기를 뿌려주거나 대형 동굴 속에 보관된다. 큰 양조장은 와인 메이커의 생각에 따라 각 통의 개성을 살피면서 다른 통과 배합해서 완성된 와인을 만든다. 맛과 질의 균형을 갖추기 위해서다. 한 품종의 와인을 다른 품종의 와인과 섞는 것은 프랑스 와인의 오래된 특징이기도 하다. 큰 양조장에서는 매일 찾아오는 손님들을 맞이할 수 있는 멋진 테이스팅 룸을 갖춰놓고 시음도 하고 홍보도 하고 판매도 한다.

같은 와인이라도 작은 양조장에서 나온 와인은 큰 양조장의 와인이 가질 수 없는 이야깃거리를 가지고 태어난다. 그가 자란 곳의 흙과 날씨, 자기를 키운 주인의 세심한 성격과 신선한 오크통 속에서의 접촉 같은. 그런 과정을 통해 얻어진 자기만의 개성을 담고 있다는 말이다. 무등산 수박을 즐기면서 광주의 산세가 떠오르고, 제주도 수박을 맛보면서 그곳 여름의 비바람을 느낄 수도 있다. 이렇게 무등산과 제주도의 수박 맛이 어떻게 같고 다른지를 맛보고 즐기는 것처럼 작은 양조장과 큰 양조장에서 나온 와인의 미세한 차이를 느끼고 상상해보는 것은 와인이 있는 식탁을 더욱 흥미롭게 만들어준다. 당신과 나 사이에 앉아 있는 이국의 와인 한 병은 우리를 바다 넘어 파란 하늘 밑의 초록 포도나무 밭으로 안내해준다. 그림이나 영화에서나 보았던 그들의 음식에 대해서, 문화나 역사에 대해서, 그 지역 사람들에 대해서 이야기하게 해준다. 와인 한 병이 우리를 오랫동안 함께할 수 있게 해준다면 그것만으로도 우리가 와인을 가까이하기에 충분한 이유가 된다.

어머니가 중요한가, 아버지가 중요한가?

Wine 한 병의 훌륭한 와인을 만들기 위해 가장 중요한 재료는 말할 필요도 없이 포도 그 자체다. 맛있는 된장찌개를 끓일 때 된장이 가장 중요한 원료인 것과 같다. 우수한 포도 알의 중요성은 야구경기에서 투수가 차지하는 비중보다도 크다. 한 송이의 완전한 포도가 만들어지기 위해서는 햇빛과 흙과 물, 그리고 그에 맞는 기후가 필요하다. 이 모두가 중요하기 때문에 그 중 어느 것이 더 중요하냐는 질문은 있을 수 없다. 기후가 중요한지 흙이 중요한지를 따지는 것은 팔이 중요한가, 다리가 중요한가? 아니면 아버지가 중요한가, 어머니가 중요한가를 묻는 것과 비슷하다.

기후가 아버지의 역할을 한다면 흙은 어머니와 같은 존재다. 흙은 어머니의 자궁처럼 생명을 품고 물과 영양을 공급해주며 열매를 성장하게 해준다. 많은 전문가들은 기후가 더 중요하다고 말한다. 좋은 흙은 어디에서나 찾을 수 있지만 좋은 기후는 쉽게 만날 수 있는 것이 아니라는 것이다. 프랑스의 샴페인과 부르고뉴, 독일의 화이트 와인은 다른 것들보다 산도와 향이 강하고 섬세한 맛을 지니고 있다. 그 재배지가 서유럽에서도 가장 서늘한 지역인 북쪽 끝에 있기 때문이다. 매우 서늘하기 때문에 주요 품종인 샤도네이나 피노 느와 그리고 리슬링 같은 포도가 완전히 익지 않을 때도 자주 있다(그럴 때는 지역마다 다르지만 지역정부가 정한 법이 허용하는 범위 내에서 약간의 설탕을 첨가하기도 한다). 그러한 기후조건 덕분에 그 지역들은 오랫동안 전통적으로 우수한 와인을 만들어내는 곳으로 꼽힌다. 황금빛이 나는 프랑스 보르도의 남쪽 소테른(Sauternes)의 달고 향기롭고 우아한 화이트 와인과 신선하고 매혹적인 독일의 화이트 와인인 리슬링이 아직까지도 영광을 누리고 있는 이유는 그 지역의 독특한 기후 때문이다. 해가 잘 들면서도 습도가 많은 기후는 주품종인 세미용(Semillon)과 소비뇽 블랑, 리슬링 포도들에 곰팡이가 늦게 피게 해준다. 늦게 핀 곰팡이의 역할은 매우 중요하기 때문에 귀부(貴腐, 귀하게 썩음)라고 부르며, 이것이 천상의 음료인 와인을 만들어내는 것이다.

미국 전체 와인의 90퍼센트 이상을 생산해내는 캘리포니아 주의 기후는 매우 특별하다. 낮은 뜨겁고 아침저녁은 서늘하며 여름에는 비가 오지 않는 건조한 지중해성 기후를 띠는 이곳의 해안을 따라 포도밭이 펼쳐져 있다. 와인으로 유명한 프랑스나 독일의 어떤 지역보다도 일조량이 많고 아침저녁으로 태평양에서 불어오는 차가운 안개는 카베르네 소비뇽이나 샤도네이 그리고 그 밖의 여러 품종의 포도들의 완벽한 조화를 만들어낸다. 그래서 캘리포니아에서는 설탕을 첨가하는 일이 없고, 법으로도 금지되어 있다.

이처럼 전통적으로 훌륭한 와인을 만들어내는 곳은 모두 특별한 기후 조건을 갖추고 있다. 지리적으로는 대체로 북위 30~50도 사이와 남위 20~40도 사이로 기온이 대체로 섭씨 10~20도인 지중해성 기후권에 속해 있다. 전 세계에서 지중해성 기후를 띠는 곳은 북반구에서는 캘리포니아 해안과 서유럽 지역, 남반구에서는 남아프리카공화국과 칠레, 그리고 호주와 뉴질랜드 등 다섯 개 지역에 불과해서 전 세계 면적의 2퍼센트 정도에 지나지 않는다. 전문가들이 기후가 중요하다고 말하는 것도 바로 그런 이유에서다.

어머니가 중요한지 아버지가 중요한지를 묻는 것은 우리가 이분법적 사고방식에 길들여져 있기 때문이다. 천당과 지옥, 이것 아니면 저것, 좌와 우, 너와 나를 언제나 구분하고 선택하도록 교육받고 살아왔기 때문이다. 우주에서 내려다 보면 어디가 남쪽이고 어디가 북쪽이겠는가? 권력이라는 버스가 오른쪽으로 쏠리면 우파가 되고 왼쪽으로 쏠리면 좌파가 되는 것이다. 천사와 악마가 따로 있는 것도 아니다. 이성을 잃으면 악마가 되고 본성을 바로 보면 천사가 되는 것이다. 마음이 지옥같으면 그것이 바로 지금 지옥에 있는 것임을 깨달아야 한다. 현재 전 세계에서 끊임없이 벌어지고 있는 전쟁과 갈등과 죽음을 지켜보면, 그리고 내가 살고 있는 지금의 모습을 사유해보면 천국과 지옥이 어디인지 쉽게 이해할 수 있다. 천국은 현실세계에서 이루지 못한 욕망의 연장선상에 있는 세계인 것이다. 사람들의 오감과 의식이라는 것은 제한적이고 불완전한 감각인데 그 불완전한 감각작용을 바탕으로 이 세상을 살아가고 있는 것이다. 우리의 생각이라는 것도 마음의 그림자에 불과하다. 봄과 꽃은 서로 다르지 않고 우유와 요구르트는 같은 것이다.

세상은 아버지와 어머니가 모두 필요하다. 기후가 나무를 키워주는 아버지와 같은 것이라면 흙은 어머니의 자궁 같은 것이다. 생명을 잉태하고 생산하고 품어주며 자양분을 준다. 흙의 넓은 의미는 대지이다. 대지는 모든 살아 있는 것들의 어머니이자 생명의 근원이기도 하다. 북미대륙 인디언의 말이 생각난다. "보라, 하늘을 나는 새들도 밤이 되면 날개를 접고 땅 위에서 쉬지 않더냐?"

INFO

"시애틀 추장의 편지"

1855년, 워싱턴 주 드와미시(Dwamish)**에서 스쿼미시 족의 시애틀**(Seattle, 백인들이 고쳐 부른 이름으로 원래 이름은 세알트 또는 시아스 sealth) **추장이 미국 14대 대통령 프랭클린 피어스로부터 받은 편지에 대한 답신이다. 미국 독립 200주년을 맞이하여 공개되었다.**

워싱턴의 대추장이 우리의 땅을 사고 싶다는 전갈을 보내왔다. 대추장은 우정과 선의의 말도 함께 보냈다. 그에게 우리의 우정이 진정 필요한 것이 아님을 알기에 그 인사는 그저 친절한 몸짓일 뿐이다. 우리는 그대들의 제안을 고려해볼 것이다. 우리가 그렇게 하지 않으면 그대들이 총을 들고 와서 우리의 땅을 빼앗아갈 것임을 잘 알고 있기 때문이다. 추장인 내가 당신에게 전하는 말은, 백인 형제들이 돌아오는 계절을 믿듯, 믿을 수 있는 것이다. 내 말은 움직이지 않는 별과 같다.

대지의 따뜻함이나 하늘을 어떻게 사고팔 수 있단 말인가? 우리는 그대들의 생각을 이해할 수 없다. 맑은 공기나 물의 반짝임을 우리가 소유하고 있지도 않은데 어떻게 그런 것들을 사겠다는 말인가? 우리는 우리의 시간 안에서 결정할 것이다. 지구의 모든 부분이 우리에게는 성스러운 것이다. 모든 반짝이는 솔잎, 모래 기슭, 어두운 숲속 안개, 깨끗함, 노래하는 벌레들은 우리의 기억과 경험 속에서 성스럽다.

백인들은 우리의 방식을 이해하지 못한다는 것을 우리도 안다. 모든 땅은, 밤에 몰래 들어와서 대지로부터 필요한 것이면 무엇이든 훔쳐가는 수상한 사람 같은 그대들의 땅과도 연결되어 있다. 그대들에게 땅은 형제가 아니고 적이다. 그대들은 땅을 정복하고 나아간다. 그대들은 아버지들의 무덤을 떠나고 아이들이 날 때부터 가지고 태어난 권리를 망각해 버린다. 우리가 야만인이고 이해하지 못해서인지 모르겠지만 그대들 도시의 모습은 우리에게 고통을 준다.

백인들의 도시에는 조용한 곳이 없다. 봄 잎새 소리나 벌레들이 날개 비비는 소리를 들을 곳이 없다. 그대들 도시의 소음은 나의 귀를 모욕하는 것 같다. 쏙독새의 사랑스런 울음소리를 듣지 못한다면, 밤 연못에서 울어대는 개구리 소리를 듣지 못한다면 삶에는 무엇이 남겠는가? 인디언은 한낮 비에 씻긴 부드러운 바람소리와 소나무향을 사랑한다. 짐승들과 나무들, 그리고 사람은 모두 같은 공기를 호흡하고 살기에 공기는 우리에게 소중하다. 백인들은 그가 마시는 공기를 느끼지 못하는 듯하다. 그는 여러 날 동안 죽어가는 사람처럼 악취에도 무감각하다.

내가 만약 그대들의 제안을 받아들인다면 한 가지 조건을 지켜줘야 한다. 그대들은 이 땅의 짐승들을 그대의 형제처럼 다뤄주어야 한다. 나는 야만인이므로 그것 외에 다른 방식은 알지 못한다. 나는 달리는 열차 안에서 백인들이 총을 쏴서 죽인 수많은 들소들이 초원 위에서 썩은 채로 누워 있는 것을 봤다. 연기를 내뿜으며 달리는 쇳덩어리 말이, 우리가 생존에 꼭 필요할 때에만 죽이는 들소보다 왜 더 중요한지 나는 야만인이어서인지 이해하지 못하겠다. 짐승이 없는 세상에서 인간이란 무엇인가? 짐승들에게 일어난 일은 사람에게도 일어나게 마련이다. 모든 짐승들이 사라져 버린다면 사람들은 영혼의 외로움으로 죽게 될 것이다.

모든 것은 연결되어 있다. 땅에게 닥치는 모든 것은 사람에게도 닥친다. 우리의 자녀들은 그들의 아버지의 패배로부터 겸손함을 보아왔다. 우리의 용사들은 부끄러움을 느꼈다. 패배 후에 용사들의 날들은 나태로 바뀌었고 그들의 육신은 향기로운 음식과 독주로 오염되었다. 하지만 그것들은 우리 나머지 날들의 아주 적은 부분일 뿐이다. 그런 사람들은 많지 않았다. 조금 더 많은 시간, 조금 더 많은 겨울, 그리고 이 땅에 살았던 위대한 부족의 아이들은, 그대들처럼 한때 강력하고 희망찼던 우리 용사들의 무덤 앞에서 오열하고 있지만은 않을 것이다.

우리들의 신이나 그대들의 신은 같다. 그대들이 우리의 땅을 소유하고 싶었던 것처럼 신을 소유하고 있다고 생각할지 모르지만, 그럴 수 없다. 신은 사람의 몸을 가졌으며 그의 사랑은 백인들에게나 인디언들에게나 평등하다. 이 세상은 신에게도 소중한 것이므로 이 땅에 해를 가하는 것은 곧 창조주를 모독하는 것과 같다. 백인들도 마찬가지로, 아마도 다른 종족보다도 더 빨리 사라질 것이다. 그대의 잠자리를 계속해서 오염시키면 어느 날 밤 그대들 자신의 배설물 때문에 질식하게 될 것이다. 들소들이 모두 도살되고, 야생말들이 모두 길들여지고, 숲의 비밀스러운 공간들이 사람들의 냄새로 가득 차게 되고, 풍요로운 언덕들이 전선줄로 뒤덮이고 나면, 수풀은 어디에 남겠는가? 사라져 버린다. 독수리들은 어디에 있겠는가? 사라져 버린다. 그것은 삶의 끝이고 살아남는 일이 시작된 것이다.

백인들의 꿈이 무엇인지 알았더라면, 긴 겨울밤 그들이 아이들에게 어떤 미래를 이야기하는지 알았더라면, 마음속에서 어떤 소망을 불태우며 내일을 희망하는지 알았더라면, 우리가 그대들을 이해했을지도 모른다. 하지만 우리는 야만인들이다. 그리고 백인들은 그 꿈을 우리에게 숨겼다. 그 꿈이 감춰져 있었기에 우리는 우리의 길을 갈 것이다. 우리가 동의한다면, 그대들은 우리에게 약속했던 특별구역을 보장해주게 될 것이다.

우리에게는 우리가 원하는 만큼 살 수 있는 날이 그리 많지 않을 것이다. 마지막 인디언이 이 땅에서 사라져 버릴 때, 기억이 오직 초원 위를 지나가는 구름의 그림자가 될 때에도 이 강가와 숲은 갓난아기가 어머니의 심장소리를 사랑하듯 여전히 우리의 영혼을 붙들고 있을 것이다. 우리가 이 땅을 그대들에게 판다면, 우리가 사랑했듯 그대들도 이 땅을 사랑해야 한다. 우리가 대지를 보살폈듯 그대들도 보살펴야 한다. 우리의 땅을 가져가면서 땅 그대로의 모습을 그대의 기억 속에 붙들어둬야 한다. 그대들의 모든 힘과 능력과 가슴으로, 그대들의 어린아이들을 위하여, 그리고 신이 우리를 사랑하듯 그대들도 이 땅을 사랑하고 보존해야 한다. 우리가 아는 한 가지는 신은 하나라는 것이다. 이 땅은 신에게 귀중하다. 비록 백인들이 공동의 운명으로부터 벗어날 수 없다 하더라도 말이다.

- 컨텍스트 인스티튜트(Context Institute)에 실린 원문 번역

WINE

와인 식탁에서의 대화

와인을 마시는 이유

오크통과 스트라디바리 바이올린

나파 밸리로의 초대

달의 계곡 소노마 밸리

캘리포니아 와인과 포티나이너스

행복과 보왕삼매론

와인을 마시는 이유

Wine 와인은 한마디로 오래된 포도주스다. 붉은 껍질과 씨로부터 색과 성분을 얻고 큰 스테인리스나 나무통에 들어가 효모(yeast)에 의해서 발효되고 오크나무통 속에서 여러 가지 맛을 얻고 향이 생성되면서 숙성되고 순화된 것이다. 와인은 혀의 중요한 다섯 가지 맛의 감각을 고루 충족시켜 주

며 음식에 부족할지도 모르는 향과 산미(酸味)를 제공해주고 음식의 맛을 조화롭게 해주는 자연 음료다.

와인은 신성하고 상징적이며 낭만적인 음료이기도 하다. 유일하게 종교의식에 쓰이는 약알코올음료이며 배를 진수시킬 때나 건배할 때도 쓰인다. 문학과 음악에서도 오래도록 노래되었고 수많은 철학자와 의학자, 시인, 작가들이 와인을 찬양해왔다. 또 성경에는 와인에 대한 언급이 191번이나 있고 심지어 고대 이집트와 바빌론의 그림문자에도 와인이 등장한다. 따라서 와인은 인류 문명이 생긴 이래 축제와 철학, 예술과 음악 그리고 사랑에 이르기까지 다양한 분야에서 인류와 밀접한 관계를 맺어온 거의 유일한 음료이다.

하지만 오늘날의 우리에게는 특별히 의학적 측면에서도 중요하다. 와인은 건강 음료이기 때문이다. 종류에 따라 약간의 차이는 있지만 기본적으로 과일의 당분이 들어 있는 것은 물론이고 다량의 비타민B군이 함유되어 있을 뿐만 아니라 동물이나 사람에게 결정적으로 중요한 역할을 하는 13가지 미네랄 성분까지 들어 있다. 입맛을 돋우는 것은 물론이고 소화도 촉진시킨다.

하루 한두 잔의 와인이 건강에 좋다는 주장은 이미 여러 연구에서 입증되었다. 포도껍질에 들어 있는 폴리페놀(Polyphenol)은 와인 제조과정에서 항산화제 역할을 한다. 폴리페놀은 콜레스테롤 형성을 막아주고 허혈성 심장질환의 위험을 낮춰주며 활성산소를 파괴해 암세포의 성장속도를 늦춘다. 미국 시애틀의 암연구센터에서는 40세에서 64세 되는 753명의 전립선암 환자들을 대상으로 알코올의 흡수와 전립선암의 상호 관계를 규명하기 위한 연구를 진행했다. 703명의 일반인 비교 집단도 함께 관찰했는데, 일주일에 레드 와인 한 잔을 마시면 전립선암에 걸릴 확률이 60퍼센트나 줄어든다는 통계가 나왔다. 보고서에는 레드 와인의 알코올에는 악성 종양세포의 성장을 더디게 만드는 플라보노이드(flavonoid)라는 화학물질이 함유되어 있다고도 했다.

호주의 한 연구에 따르면 와인, 생선, 과일, 야채, 아몬드, 마늘, 다크초콜릿 등을 먹으면 수명이 남성은 6년, 여성은 5년 정도 늘어나는 것으로 나타났다. 그러나 이런 긍정적 효과는 음주량에 따라 달라지기도 한다. 자신의 주량보다 많이, 즉 일반적으로 두 잔 이상 마셨을 때는 그런 효과는 기대할 수 없다. 또 유방암의 가족력이 있는 폐경기 이전의 여성이나 임신 초기 여성들은 절대로 마시지 말아야 한다.

와인은 단순한 알코올의 작용보다 훨씬 더 많은 화학작용을 한다. 체내에서 비알코올 성분의 성격을 띠며 다른 술들과는 다른 작용을 하는 것이다. 또 와인의 특별한 성분이 알코올의 흡수를 지연시킨다. 알코올 성분의 완만한 흡수는 아주 중요하다. 흡수되는 속도를 늦춰줌으로써 흥분되기 쉬운 인간의 신경계를 편안하게 해주어 빨리 취하기보다 기분 좋게 취하게 해주고 그 편안한 기분이 다른 술보다 오래가는 것이다.

어니스트 헤밍웨이(Ernest Hemingway)는 '와인은 돈으로 살 수 있는 그 어떤 감각적인 것보다도 훨씬 큰 즐거움과 고마움을 준다.'라고 했다. 하지만 와인을 아무리 노래하고 찬양한다 해도 스스로 즐기지 않는다면 아무런 의미가 없다. 내가 없는 이 세상이 아무런 의미가 없는 것처럼. 와인은 우리에게 기쁨을 주는 작은 선물일 뿐이다. 한 병의 와인을 사이에 두고 나누었던 대화와 사랑은 오랫동안 기억에 남을 것이다.

INFO

건강에 도움이 되는 와인의 여러 가지 이점들

장수한다.

핀란드에서 2,468명의 남자들을 대상으로 29년이 넘는 동안 진행해왔던 한 연구 결과가 2007년 노인학 저널(Gerontology Journal)에 실렸는데, 와인을 마시는 사람들이 맥주나 독주를 마시는 사람보다 사망률이 34퍼센트나 낮은 것으로 나타났다.

심장마비의 위험이 감소한다.

하버드공공건강대학(Harvard School of Public Health)에서 11,711명을 대상으로 16년 동안 진행해온 연구결과가 지난 2007년 내과연보(Annals of Internal Medicine)에 발표되었다. 고혈압으로 고생하고 있는 사람들 가운데 적당량의 음주를 즐기는 이들이 심장마비에 걸릴 확률이 마시지 않는 사람들보다 30퍼센트 정도 낮았다.

심장병의 위험이 낮아진다.

2006년 네이처(Nature)지에 실린 런던 퀸 매리 대학의 연구에서는 레드 와인의 타닌은 심장병을 방지해주는 프로시아니딘(procyanidin)이라는 물질을 함유하고 있다고 밝혔다.

제2유형 당뇨병에 걸릴 확률이 낮아진다.

암스테르담의 자유대학(VU University) 메디컬센터에서 369,862명을 대상으로 12년에 걸쳐 진행되었던 연구결과가 2005년 당뇨병 관리지에 실렸다. 적당량의 와인을 즐기는 사람들이 전혀 마시지 않는 사람들보다 제2형 당뇨병에 걸릴 확률이 30퍼센트나 낮은 것으로 나타났다.

뇌졸중의 위험이 낮아진다.

2006년 '뇌졸중(Stroke)'지에는 콜롬비아대학에서 3,176명을 대상으로 8년에 걸쳐 진행된 한 연구 결과가 실렸는데, 혈관이 막혀서 생기는 뇌졸중의 발병 확률은 적당량의 음주를 즐기는 그룹이 그렇지 않은 그룹보다 50퍼센트나 더 낮게 나왔다고 한다.

백내장에 걸릴 확률이 낮아진다.

적당량의 와인을 즐기는 사람들이 백내장에 걸릴 확률은 와인을 마시지 않는 사람들보다 32퍼센트나 낮았다. 또 그중에서도 와인을 마시는 사람들의 발병 확률은 맥주를 즐기는 사람들보다 43퍼센트나 더 낮게 나왔다. 이것은 아이슬란드에서 1,379명을 대상으로 한 연구의 결과로 2003년 네이처지에 실렸다.

이 밖에도 비만을 예방하고 기억력 감퇴를 막아주며 우울증 예방에도 도움이 된다는 의학적 증거들이 있고, 특히 레드 와인이 성생활에 도움을 준다는 이탈리아의 연구 결과도 있다. 그런데 이 모든 혜택이 '적당한 음주'를 지켰을 때에만 가능하다는 것을 반드시 명심해야 한다.

오크통과 스트라디바리 바이올린

발효를 막 끝낸 와인은 아직 원숙하지가 않다. 거친(raw, wild) 맛이 남아 있고 앳되다(green). 뜸을 들이지 않은 밥이나 어린 청년 같다고나 할까. 그것을 완전하게 하기 위해서는 참나무통에서의 머무름, 즉 숙성의 과정이 필요하다. 숙성은 와인의 맛과 향에 어떤 영향도 주지 않는 스테인리스 통이나 시멘트로 된 우물 같은 통, 또는 나무로 만든 커다란 저장탱크 같은 곳에서 이루어지기도 하지만(신선한 맛을 강조하기 위한 화이트 와인의 경우) 좀 더 개성 있는 맛과 향을 만들어내기 위해서는 오크통에서의 숙성 과정을 거치게 된다. 하지만 높은 비용 때문에 저가 와인의 대부분은 이 과정이 생략된 상태로 출시된다.

맛있는 된장찌개를 끓일 때 가장 중요한 재료는 두말할 것도 없이 된장 그 자체다. 어떤 요리든 재료가 좋으면 누가 해도 맛있기가 쉽다. 그런데 같은 된장으로 만들었는데도 서로 다른 맛이 나는 이유는 음식에 대한 철학과 전통이 다르고 그것에 따라 쓰는 양념과 재료가 다르기 때문이다. 와인 메이커들도 요리사처럼 양념을 쓴다. 양념을 써야 비로소 완성된 와인이 탄생하는 것이다. 그 양념이 바로 오크통이다. 오크(Oak)는 참나무다. 사실 참나무라고 불리는 단일 수종이 존재하는 것은 아니다. 다만 굴참나무, 떡갈나무, 상수리나무, 갈참나무, 졸참나무 등 참나무과에 속하는 여러 수종을 통칭하여 참나무라고 부른다.

오크통은 로마시대부터 광범위하게 쓰이기 시작해서 그 역사가 최소 2천 년이나 거슬러 올라간다. 당시 사람들은 오크통이 보관이나 운반에 편리했을 뿐만 아니라 왜 그런지를 과학적으로는 설명할 수 없었지만 와인을 부드럽게 해주고 때로는 맛을 더 좋게도 만들어준다는 사실을 알고 있었다. 오크통은 와인의 색과 맛, 타닌과 질감에 영향을 준다. 그런데 공기가 스며드는 성질이 있는 오크나무통의 특성상 통 안에서는 미세한 산화와 함께 적은 양의 증발이 일어난다. 전형적인 225리터짜리 오크통이라면 대략 15~20리터 정도가 증발되는데, 이것을 천사의 몫(angel's portion 또는 share)이라고 한다. 결과적으로 이러한 증발과 산화가 향을 응축시키고 타닌을 부드럽게 만들어주며, 오크나무에 내재된 페놀 성분이 와인과 결합될 때 바닐라처럼 부드러운 맛이나 살짝 단맛을 우러나게 해줌으로써 통 안에 담긴 와인의 맛을 더 좋아지게 해준다.

오크통에서의 숙성을 거친 와인은 캐러멜, 크림, 구운 맛, 스파이시한 향료, 바닐라 등의 맛을 갖게 되며, 오크통으로 발효시킨 와인은 코코넛, 계피, 클로버 등의 맛을 띠기도 한다. 레드 와인인 경우 모카나 토피의 맛이 나기도 한다. 오크통에서 숙성시키는 기간은 포도의 품종과 와인 메이커의 목적, 철학에 따라 달라진다. 오크의 효과는 처음 몇 달 동안에 가장 강력하게 나타난다. 그리고 오래 머무르면서 숙성이 더욱 깊어진다. 고급의 카베르네 소비뇽의 경우에는 통 안에서 보통 2년 정도 머무른다.

오크나무가 와인 통으로 쓰이기 위해서는 수령이 백 년 정도는 된 것이어야 하고 춥고 밀집되어 있는 곳에서 자란 나무가 이상적이다. 그런 나무라야 경쟁이 치열한 환경에서 천천히 자라면서 조직이 치밀해져 있기 때문이다. 미국의 동부와 중서부, 프랑스의 중부, 슬베니아, 러시아, 캐나다, 동유럽 등지에서 집중적으로 생산된다. 나무는 수액이 적은 겨울철에 수확되며 보통 나무 한 그루당 225리터짜리 통 두 개를 만든다. 오크통의 사용 기간은 대략 3~5년이다. 시장 상황에 따라 매년 값이 조금씩 달라지지만 가장 보편적인 사이즈인 높이 89센티미터에 225리터짜리 통은 미화로 800~1,400달러이다.

대부분 경매로 거래된다.

전 세계에 650개밖에 없다는 전설적인 바이올린 스트라디바리(Stradivarius)는 1700~1720년 사이에 제작된 것들이 특히 유명하다. 스트라디바리의 두드러진 특징은 좀 더 납작하면서 강력하게 휘어 있고 약간 더 두꺼운 것이라고 한다. 다른 바이올린에 비해 몸통이 더 곧고 강력하며 어떤 f(몸통에 새겨져 있는 f자 모양의 소리구멍. 이것은 바이올린을 만드는 장인의 특징과 솜씨를 나타내며 소리에 결정적 영향을 미친다)의 모양은 좀 더 곧고 길어서 머리(scroll)가 더 크다. 또 다른 특징으로는 스트라디바리만이 가지고 있는 표면에 칠해진 붉은색 계통의 옻칠인데, 이것은 악기의 색을 깊고 은은하게 해줄 뿐만 아니라 나무의 진동을 안정시켜 준다. 스트라디바리의 가장 최근 경매 기록은 바이올린 연주자인 앤 아키코 마이어스가 2010년 타리시오 경매에서 360만 달러에 사들인 1697년산 몰리터 스트라디바리인데, 이것은 한때 프랑스의 나폴레옹 황제가 소유했던 것이라고 한다.

바이올린의 각 부위는 각각 다른 나무로 만들어지는데 윗부분은 노르웨이산 전나무를, 안쪽의 칸을 나누는 데는 버드나무를, 뒤판과 목 부분은 단풍나무를 쓴다. 각각의 나무들은 여러 가지 성분으로 조심스럽게 처리된다. 전문가들이 최고의 전통과 품질을 자랑하는 스트라디바리와 현대기술로 최근에 만들어진 고급 바이올린의 소리를 비교 조사했더니 둘 사이에 별다른 차이가 없다고 평가한 그룹과 스트라디바리가 더 훌륭하다고 평가한 그룹으로 나뉘었다고 한다. 그러나 모두가 인정하는 한 가지 사실은 나무 자체의 밀집도가 중요하다는 점이었다. 좋은 와인 통을 만드는 데 쓰이는 오크나무도 훌륭한 바이올린을 만드는 데 쓰이는 나무와 같은 환경과 조건에서 자란 것이어야 좋다.

와인 메이커들이 오크통을 주문할 때는 저마다의 생각에 따라 나무의 출생지역과 통 안의 그슬림 정도를 특정하게 요구한다. 불로 통 안쪽을 그슬리는 것을 토스트(toast)라고 하는데 스테이크를 주문할 때와 마찬가지로 라이트(light), 미디엄(medium), 헤비(heavy) 세 가지 중 하나를 주문한다. 많은 와인메이커들은 미디엄을 선호한다. 많이 태우면 스모키(smoky)하고 담배, 커피, 캐러멜의 맛이 더 우러나오고, 중간 정도로 그슬렸을 때는 바닐라의 맛과 향이 많이 우러나온다. 새 오크통은 당연히 오래된 통보다 훨씬 효과가 좋다. 처음 일 년 동안 오크통에서 50퍼센트의 효과를 얻어냈다면 그 다음 해에는 25퍼센트의 효과만을 기대할 수 있고, 해가 갈수록 그 효과가 줄어들다가 5년 정도 쓰고 나면 수명이 다한다. 나무의 생산지역과 통 안의 그슬림, 숙성 기간 등은 모두 와인메이커들이 나름의 기준과 선호에 따라 결정한다.

와인을 만든다는 것은 창의적이고 주관적이며 개인의 철학이 반영되는 일이어서 예술이라고도 할 수 있다. 균형 있게 잘 익어서 맛도 좋고 알이 굵고 강하며 육질이 좋고 산도가 알맞은, 그래서 오크나무통의 영향을 더 잘 받을 수 있는 포도 알이라야 훌륭한 한 병의 와인으로 거듭나는 것이다.

INFO

프랑스산과 미국산 오크통의 차이점

전 세계에서 자라는 참나무는 육백 가지가 넘는다고 하는데 크게 레드 오크(Red oak)와 화이트 오크(White oak)로 나뉜다. 레드 오크는 구멍이 많아서 보관기능면에서 불완전해서 와인 통을 만들기에 적합하지 않아 세 가지 종류의 화이트 오크만을 쓴다. 유럽산 두 가지와 미국산 오크다.

프랑스는 전 지역의 사분의 삼이 숲인데(약 1,400만 헥타르, 대한민국 영토의 1.4배) 이 숲의 삼 분의 일 정도가 참나무다. 모두 프랑스 정부 또는 지방정부가 소유, 관리하고 있다. 프랑스는 수세기 동안 뛰어난 행정력을 발휘하여 숲을 관리해왔는데 숲은 크게 여섯 개의 지역으로 나뉘어 있다. 그중 일부는 나폴레옹 시대에 배를 만들기 위한 목적으로 나무를 심은 것이다. 각 지역의 나무는 조금씩 다른 특징을 가지고 있기 때문에 와인 메이커는 자신이 원하는 특정한 숲의 나무를 주문한다. 여섯 개의 지역은 다음과 같다.

리무진(Limousin)

웨스턴 르와르 앤 사르트(Western Loire and Sarthe)

니에브르 앤 알리에(Nievre and Allier)

보주(Vosges)

쥐라 앤 브루고뉴(Jura and Bourgogne)

아르곤 · 아르덴(Argonne/Ardennes)

반면에 미국의 오크는 산림으로 구분되지 않고 대부분 개인 소유의 땅에서 산출된다. 그중에서도 오하이오 주와 미시시피 리버 밸리(Mississippi River Valley) 지역의 것이 특히 품질이 좋고, 북동쪽 대서양 연안 지역의 것은 나무가 큰 것이 특징이다. 그 밖에 슬로베니안, 헝가리안, 러시안, 포르투갈산(Portuguese) 오크 등도 프랑스와 같은 품종으로 기타 와인 지역에서 여전히 많이 쓰이고 있다.

아메리칸 오크와 프렌치 오크 모두 와인에 아로마와 향과 타닌을 제공하지만 일반적으로 프랑스산은 새틴(satin)이나 실키(silky)라는 표현처럼 매우 부드러운 질감을 제공하고, 섬세하고 은근하고 살짝 매콤(spicy)한 듯한 터치(touch)가 있다면, 아메리칸 오크통은 보다 분명한 맛을 보여주고 종종 크림 소다, 바닐라 또는 코코넛으로 묘사되어 크림 같은 질감을 주는 와인을 탄생시킨다. 프랑스 오크나무는 미국산 나무보다 밀도가 낮고 단단하기 때문에 더 미묘한 맛과 탄력과 함께 실크 같은 타닌을 준다. 미국산 참나무는 밀도가 높기 때문에 모두 기계로 제작되며 그래서 인건비 등 비용이 적게 드는 것이 장점이다. 따라서 미국산 오크통은 프랑스산보다 많이 저렴하다.

미술관 와이너리

Wine 소노마(Sonoma) 지역을 포함해 나파의 드넓은 주변 지역에는 무려 8백 개가 넘는 와이너리가 몰려 있다. 모든 와인이 나름의 개성을 가지고 있듯이 와이너리들마다 자기들만의 특징이 있어서 어느 한 곳도 같지 않다. 와인은 음식, 음악, 미술 등 문화적인 것들과 함께할 때 시너지 효과를

일으켜 더욱 풍요로워진다. 나파를 비롯해 주변의 소노마, 알렉산더 밸리, 드라이 크릭 밸리 등에는 미술관 와이너리들이 있는데 그중 몇 군데는 국제적인 수준을 갖추고 있다.

Wine 헤스 컬렉션 와이너리(Hess Collection Winery)

나파의 마운트 비더(Mount Veeder) 지역에 있는 헤스 콜랙숀 와이너리는 스위스 출신의 사업가인 도널드 헤스에 의해 1983년에 세워졌다. 그는 미국에서 훌륭한 와인과 예술의 완성이라는 두 개의 꿈을 동시에 실현한 사람이다. 젊은 시절부터 시작한 그의 와인 제조와 미술품 수집에 대한 열정이 결국 오늘날 세계적인 수준의 결과를 만들어낸 것이다. 그는 또 어떤 흐름이나 동향에 따르기보다는 자신만의 미술세계를 구현하기 위해 작품을 구입해왔다. 세계적으로 잘 알려진 작품보다는 오히려 젊고 재능 있고 가능성 있는 작가들의 작품에 집중적으로 투자해왔다. 그 때문에 그의 수집품을 보는 것으로 미술계의 움직임을 미리 가늠해보기도 한다. 그의 전체 소장품 중 사분의 일 정도가 전시되어 있는 헤스 컬렉션 와이너리 미술관은 연중 무료로 개방된다. 와이너리의 중심 건물은 3층짜리 갤러리다. 1층은 와인저장실, 테이스팅 룸, 로비로 이루어져 있고 2층, 3층은 전시관이다. 최근 세계 현대미술계에서 주목 받고 있는 중국인 장샤오강(张晓刚)의 작품도 전시되어 있다. 장샤오강은 우연히 자기 어머니의 젊었을 때 사진을 발견해 '혈통' 시리즈를 그리기 시작하면서 알려진 작가다. 무채색 위주의 그의 작품 속 정지된 인물들은 몽환적이고 무표정하며 회한, 그리움, 불안, 우울, 체념 등 표현하기 힘든 감정들을 품고 있다. 오래된 증명사진처럼 여운이 남는 작품들이다.

Wine 홀 와인스(Hall Wines)

나파 밸리의 세인트 헬레나(St. Helena)와 루더포드(Rutherford) 두 군데에 자리하고 있는 홀 와인스에는 현대작가들의 작품이 35점 이상 전시되어 있다. 루더포드에 있는 와이너리는 2005년에 완성되었는데 세련되고 현대적인 건축미와 함께 최첨단 시설을 갖추고 있다. 캘리포니아 주에서는 최초의 그린에너지를 이용한 시설과 빌딩이다. 지붕에 약 1,300평에 이르는 태양열 전광판을 설치했고 백 퍼센트 재활용된 물을 사용하고 있다. 건물 주변에는 현대 조각품들이 적절히 배치되어 있는데 포도밭이 보이는 쪽의 정원에는 바다를 연상시키는 오션(Ocean)이라는 작품이 펼쳐져 있고, 정문 입구 쪽에는 바늘구멍 앞에 서 있는 낙타와 풀 속에서 놀고 있는 양떼를 조각한 작품이 있다. 결혼식이나 큰 모임이 열리기도 하는 정원에는 미국의 유명한 미술잡지 아트(Art)에도 소개된 잘 알려진 현대 조각품들이 전시되어 있다.

훌륭한 카베르네 소비뇽만을 지속적으로 생산해내고 있는 홀 와인스를 방문하면 최고만을 부르짖는 소유주 크레이그와 캐서린 홀의 고집스러움을 건물 곳곳에서 발견할 수 있다. 최신식 시설을 갖춘 테이스팅 룸과 그곳 베란다에서 바라다 보이는 포도밭의 모습은 저녁이 가까워올수록 아름다워진다.

Wine 아르테사 빈야드 앤 와이너리(Artesa Vineyards & Winery)

나파 밸리 남쪽의 카네로스(Carneros) 지역에 아르테사 빈야드 앤 와이너리가 있다. 수공품이라는 뜻을 가진 옛 스페인 말인 아르테사는 스페인 사람인 라벤토 가족의 소유로 16세기부터 와인을 빚어온 가문이다. 일반적으로 와이너리는 멀리서도 잘 보이도록 건물이 중앙에 위치해 있는 데 반해 아르테사는 가까이 다가갈 때까지도 와이너리 건물이 보이지 않는다. 건물이 산 안에 들어가 있기 때문이다. 따라서 주변의 언덕과 풀이 그대로 건물의 외벽이 되었고 입구와 창문도 경사면을 따라 달려 있다. 언덕 안의 맨 밑에는 와인저장소가 들어가 있다. 환경과 자연의 조화를 강조하는 주인의 철학이 그대로 나타나 있는 것이다.

건물 밖 정원에는 세계적으로 이름이 알려져 있는 스페인 바르셀로나의 도밍고 트리아이(Domingo Triay)의 작품이 놓여 있다. 그의 아방가르드(avant-garde)한 조각은 모두 물을 주제로 한 작품들이다. 물에 잠겨서 물을 내뿜는 현대 조각품들에서 치유의 힘이 느껴지고 산과 계곡은 물과 함께 생명력을 가지고 있음을 말해준다. 풍수의 묘를 살린 것이다. 멀리 나파 밸리와 샌프란시스코 만도 보인다. 실내로 들어서면 내부는 갤러리처럼 디자인되어 있고 지역의 유명 예술가인 고던 휴서(Gordon Huether)의 작품이 상설 전시되어 있다. 예술과 와인과 건축학적 아름다움을 선사하는 아르테사 빈야드가 나파 남쪽에 위치한 카네로스 지역의 보석이라고 불리는 이유다. 스파클링 와인을 위주로 카베르네 소비뇽과 멀로, 샤도네이와 피노 느와 등을 집중적으로 생산해내고 있다.

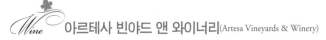

Wine 디 로사(di Rosa)

디 로사는 와이너리는 아니지만 나파 밸리 내의 중요한 와인 생산지역인 카네로스에 있는 미술 전문 갤러리여서 소개해본다. 약 27만 평에 달하는 넓은 지역에 자리하고 있는 디 로사는 게이트하우스 갤러리(Gatehouse Gallery), 메인 갤러리(Main Gallery), 레지던스 갤러리(Residence Gallery) 등 세 개의 갤러리와 야외 조각 전시장으로 나뉘어 있으며, 풍부한 식물군들과 꽃, 야생 동물과 4만3천 평 크기의 호수 등이 주변의 자연과 겸손하고 우아하게 어우러져 있다. 약간의 입장료를 받고 있으며(5달러) 인상적인 현대 미술작품들이 자연과 함께 관람객들의 예술적 갈급함을 채워준다.

INFO

그 밖에 작은 갤러리를 갖고 있거나 예술작품을 전시하는 와이너리들

할리 와이너리 테이스팅 룸 앤 갤러리(Hawley Winery Tasting Room and Gallery)

나파 밸리 북서쪽 드라이 크릭 밸리(Dry Creek Valley)의 힐스버그(Healsburg)시 다운타운에 있다. 드라이 크릭 밸리에는 60여 개의 와이너리가 있으며 다운타운 내에 열 개가 넘는 테이스팅 룸과 갤러리, 선물가게, 음식점 등이 있어서 안정과 여유로움을 좋아하는 방문자들로 붐비지만 조용하고 지성적인 마을이다. 주인 할리 씨의 부인과 아들의 유화도 전시되어 있다. 와인은 완전한 유기농법으로 생산한다.

제섭 셀러스 테이스팅 갤러리(Jessup Cellars Tasting Gallery)

나파 밸리의 윤트빌(Yountville)에 위치해 있으며 테이스팅 룸이 곧 갤러리다. 최고의 와인은 예술과 함께해야 한다는 주인의 철학을 따라 유화와 조각 등의 미술작품들이 상설 전시되며 6월과 10월 사이에는 주기적으로 전시회나 음악회를 개최한다. 6가지의 와인과 치즈의 페어링(pairing: 궁합, 짝짓기) 테이스팅은 흥미롭고 비용도 저렴한 편이다.

페주 프라빈스 와이너리(Peju Province Winery)

나파 밸리 루더포드 지역에 위치해 있다. 루더포드에는 34개의 와이너리가 있는데 우리에게 잘 알려진 케이크브래드 셀러스(Cakebread Cellars), 케이머스 빈야드(Caymus Vineyards), 그르기취 힐스 에스테이트(Grgich Hills Estate), 실버 옥 셀러스(Silver Oak Cellars), 조셉 펠브스 빈야드

(Joseph Phelps Vineyards), 잉글눅(Inglenook), 로버트 몬다비 와이너리(Robert Mondavi Winery) 등의 와이너리가 있는 지역이다. 키가 크고 등이 굽은 시카모어(Sycamore) 나무가 서 있는 길을 따라 본관에 이르면 2층 갤러리에 샌프란시스코와 인근 지역 예술가들의 작품이 가득하며 가끔씩 작품이 바뀐다. 본관 주변에 여러 가지 조각 작품들도 전시되어 있다.

메이손리 나파 밸리(Maisonry Napa Valley)

나파 밸리의 윤트빌 지역에 자리하고 있다. 전 미국에서 가장 유명한 레스토랑 중의 하나인 프랜치 라운드리(French Loundry) 옆에 위치해 있으며 와이너리는 고전적이면서도 현대적 감각을 살린 매력적인 모습을 갖추고 있다. 연회나 파티장소로 많은 사람들에게 자주 애용된다. 또 갤러리이자 테이스팅 룸이며 예술가구 전시장이기도 하다. 뒷마당에 있는 정원에는 대형 야외난로가 있어서 로맨틱한 분위기를 즐길 수 있다.

섬프린트 셀러스 테이스팅 룸(Thumbprint cellars tasting room)

드라이 크릭 밸리의 힐스버그에 위치해 있다. 테이스팅 룸이 곧 갤러리다. 소노마 카운티(Sonoma County) 지역 예술가들의 작품을 전시해 놓았다. 그 자신이 화가이자 주인인 스캇은 와인을 과학적인 방식으로 만들어내는 것을 좋아하지 않는다. 와인을 만드는 것이 곧 예술이라는 것이다. 그래서 그는 매번 예술품을 만들어내듯 자신만의 방식으로 와인을 빚어낸다.

그 밖에 코너스톤 소노마(Cornerstone Sonoma), 찰스 스피네타 와이너리 앤 와일드라이프 아트 갤러리(Charles Spinetta Winery & Wildlife Art Gallery) 등이 있다.

나파 밸리로의 초대

소녀처럼 늘 명랑하고 청명한 나파에도 가을은 온다. 낙엽 지는 포도나무를 가득 안고 구르는 듯 부드러운 언덕, 바람을 타고 달려가는 구름을 보면 한국처럼 뚜렷하지는 않아도 가을을 느낄 수 있다. 가을은 겨울의 앙상한 가지로부터 깨어나 가슴 떨리는 봄과 뜨거운 여름을 지낸 포도들이 사람들의 분주한 손길을 거쳐 한 병의 와인으로 세상에 다시 태어나는 계절이기도 하다.

세계적으로 유명한 와이너리들이 집중적으로 몰려 있는 나파 밸리는 샌프란시스코에서 북쪽으로 한 시간 반 거리에 있다. 안개 낀 금문교를 건너 작고 예쁜 바닷가 마을 소살리토(Sausalito)를 지난다. 바닷바람이 자유롭게 들락거리는 카페와 부티크 옷가게, 갤러리, 샌프란시스코가 바라다 보이는 음식점들이 단정하게 자리 잡고 있는 곳이다. 소살리토를 벗어나서 나파 밸리로 향하기 전에 잠시 왼쪽 태평양 해안가에 있는 국립산림지역인 뮤어우드(Muirwood)에 들를 수도 있다. 한낮에도 어두운 삼나무 숲속에서 나무의자에 앉아 잠시 눈을 감고 숨을 안정시키면 파가니니의 바이올린 소나타가 흘러나올 것 같은 곳이다. 숲에서 나와 다시 북쪽으로 한 시간 정도 올라가면 나파 밸리의 남쪽에 닿는다.

나파 밸리는 남북으로 50킬로미터, 동서로 약 8킬로미터의 좁고 긴 계곡이다. 면적은 프랑스 보르도 지역의 8분의 1 정도밖에 되지 않지만 포도나무가 해발 8백 미터에 이르기까지 다양한 높이에 심어져 있고 포도나무가 잘 자라는 더운 낮과 차가운 밤, 여름이 길고 건조한 지중해성 기후를 띠고 있다. 미국 내에서 이러한 특성을 가진 지역은 어디에도 없다. 나파 밸리산 와인의 양은 캘리포니아 전체에서 생산되는 와인의 4퍼센트에 지나지 않지만 미국 와인 하면 곧 나파 밸리의 와인을 뜻할 정도로 미국의 대표적인 와인 지역이 된 이유다.

나파 밸리 와인은 유럽 와인에 비해 블루베리, 블랙베리, 산딸기, 검은 체리, 자두 등 잘 익은 과일 맛이 두드러진다. 미세하게 나뉘는 미기후(microclimates) 때문이다. 태평양 연안에 자리 잡고 있는 나파, 소노마 지역은 이른 저녁부터 늦은 아침까지 바다로부터 밀려오는 차가운 안개의 영향을 받아 밤이면 10도 안팎을 기록하는 찬 기온이 단단한 산도를 만들어내고, 30도 이상을 기록하는 낮 기온은 충실한 당도를 만들어준다. 유럽보다 날씨의 변화가 매우 적어서 수확년도에 따라 포도의 품질이 달라지는 경우는 그리 많지 않다. 캘리포니아 와인이 유럽의 와인보다 빈티지의 중요성이 크지 않은 것은 그 때문이다. 이처럼 나파 밸리는 특별한 기후의 혜택과 더불어 백 가지가 넘는 흙의 조화가 어우러진 지역이다.

나파에는 475개의 와이너리가 있는데 어느 와이너리가 제일 좋으냐는 질문은 있을 수 없다. 어린아이 475명이 다 다른 것처럼 모든 와인이 저마다의 개성과 특징이 있을 뿐이다. 세계적인 명성의 와이너리라고 해도 방문은 어렵지 않다. 예약이 필요한 몇몇 와이너리를 빼고는 누구나 당일 방문이 가능하며 그들이 제공하는 투어와 시음에 참가할 수 있다. 도로에서 포도원으로 들어가는 길에는 올리브나 참나무 등의 가로수가 있고, 포도나무 둘레에는 일 년 내내 피어 있는 밝은 색의 장미가 호위하듯 둘러서 있다. 오래전부터 장미나무가 포도나무에 기생하는 특정한 벌레들을 없애준다는 믿음 때문이다.

나파 밸리를 남북으로 달리는 29번 길과 함께 철길처럼 나란한 길인 실버

라도 트레일(Silverado Trail)은 한적하고 평화롭다. 길은 봄부터 가을까지 코스모스로 가득하고 유기농 와이너리인 하가펜 셀러스(Hagafen Cellars)를 지나면서부터 나파 밸리의 남쪽 끝까지는 키가 큰 포플러와 참나무 숲이 가로수로 늘어서 있다.

당신을 나파 밸리로 초대하고 싶다. 우리는 나무 사이의 달과 쓸쓸한 가을을 사이에 두고 물리적으로 떨어져 있지만 지금 이 글을 읽는 순간만큼은 공간적으로 함께 있는 것이다. 당신의 낮과 나의 밤이 다를 뿐이다. 햇빛 가득한 포도밭 사이를 천천히 거닐며 흙의 냄새를 맡아보고 포도 잎의 감촉을 느껴보고 싶다. 와인은 그 자체로는 불완전하다. 바람과 사랑이 필요하다. 와인 한 병과 마음에 드는 음식 한두 가지가 있는 식탁을 사이에 두고 당신과 함께 짧지도 길지도 않은 인생과 시간들에 대해 이야기하고 싶다.

INFO

2000년 이후에 만들어진 떠오르는 별 같은 나파 밸리의 젊은 와이너리들, 전형적인 나파 스타일의 와인과 멋진 테이스팅 룸을 갖추고 있다.

알파 오메가 와이너리(Alpha Omega Winery)

2006년 7월 1일에 문을 열었다. 넘치는 과일의 맛과 향, 강력한 타닌을 지닌 나파의 포도를 최첨단 시설과 과학적인 방식으로 양조하는 캘리포니아의 기술과 유럽의 경험과 조화로움을 중시하는 방식을 접목시켜 오랫동안 숙성시킬 수 있는 우아한 보르도 스타일의 와인을 만들어낸다.

블랙 스탤리온 와이너리(Black Stallion Winery)

나파 밸리의 남쪽 오크 놀(Oak Knoll) 지역에 위치해 있다. 이곳은 원래 규모 있는 승마시설과 3천 개의 관람석을 갖추고 있는 유명한 승마장이었다. 새롭게 와이너리로 개조하여 2007년에 문을 열었는데 포도밭을 세 분해 작은 단위로 만들고 그 포도를 각각 발효한 뒤에 병입하기 전에 블랜딩해서 조화와 균형, 다양하고 복잡한 맛을 살림으로써 우아하고 특별한, 그러면서도 쉽게 접근할 수 있는 와인을 생산해내고 있다.

케이드 에스테이트 와이너리(Cade Estate Winery)

2005년에 해발 600미터 높이의 산 위 호웰 마운틴(Howell Mt) 지역에서 문을 열었고, 나파 밸리에서는 최초로 LEED 금상을 수상한 와이너리다. LEED는 에너지와 환경 디자인에 대한 선구자상이다. 작은 면적이지만 대부분 카베르네 소비뇽을 유기농으로 재배하고 있다. 2008년산 케이드 에스테이트 카베르네 소비뇽이 특히 훌륭하다.

클리프 리드 빈야드(Cliff Lede Vineyards)

2002년 캐나다 출신의 클리프 리드가 문을 열었다. 나파의 스택스 립 디스트릭트(Stag's Leap District)에 위치한 이 와이너리는 포도밭이 내려다보이는 언덕 기슭에 아름다운 최신식 건물과 지하 동굴을 건설했다. 대표 와인으로는 동쪽 기슭에서 자란 포도로 빚은 포에트리 카베르네 소비뇽(Poetry Cabernet Sauvignon)이다.

오데테 에스테이트 와이너리(Odette Estate Winery)

나파 밸리의 동쪽 산기슭인 스택스 립 디스트릭트 지역에 있는 와이너리로 2012년 가을, 새로 주인이 된 세 명은 저장창고로 쓰이던 동굴이 포함된 기존의 와이너리를 최신식의 우아하고 현대적인 접대 공간으로 완전히 바꿔놓았다. 작지만 가장 최신식으로 지어진 와이너리 건물의 지붕에는 풀과 식물을 심어놓았고, 수백 장의 태양열판을 설치했다. 포도나무도 모두 새로 심었고 처음부터 백 퍼센트 유기농법을 사용했다. 2017년에는 LEED 금상과 캘리포니아 서티파이드 올가닉 파머스(California Certified

Organic Farmers) 인증을 획득했다. 2015년도산 오데트 에스테이트의 인애규랄(Odette Estate's Inagural)이 더 와인 애드보케이트 잡지로부터 100점을 받았다. 전통적인 나무 코르크가 아닌 알루미늄으로 된 스크루 캡을 사용한 최초의 와인이기도 하다.

오쇼네시 에스테이트 와이너리(O'Shaughnessy Estate Winery)

나파에서 매우 중요한 하웰 마운틴(Howell Mountain), 마운트 비더(Mount Veeder), 오크빌(Oakville) 등 세 지역에 밭을 가지고 있으며 2003년에 첫 와인을 생산해냈다. 이들은 네오 클래식 스타일을 고집하며 현대적 도구를 이용해 가장 자연에 가까운 방식으로 와인을 만들어낸다. 또 가장 자연적인 발효를 선호하며, 너무 미세한 필터링(filtering)이나 파이닝(fining, 정제 과정)은 생략하고 병입한다. 와인 평론가들에게 지속적으로 90점 이상의 점수를 받고 있으며 평균 가격대는 100달러 정도이다.

카스텔로 디 아모로사(Castello di Amorosa)

와이너리이기도 하지만 건물 자체가 12, 13세기 중세의 모습을 갖춘 성으로 2007년 4월에 문을 열었다. 8층에 걸쳐 107개나 되는 방이 있으며 첨탑, 고문실, 실내 광장 등을 갖추고 있다. 성을 지을 때 썼던 재료들을 모두 이태리와 유럽에서 직접 실어 날랐다고 한다. 주인인 다리오 사뚜이(Dario Sattui)는 이태리계이며 나파 밸리에 있는 비 사뚜이(V. Sattui) 와이너리도 소유하고 있다. 두 와이너리 모두 방문객들에게 직접 판매와 더불어 와인클럽을 이용하는 방식으로만 운영된다. 매우 다양한 와인을 이태리식으로 만들어내고 있으며 꼭 와인이 아니더라도 홍미와 재미로 들러 볼 만한 곳이다.

홀 와인스(Hall Wines)

베린저 와이너리(Berringer Winery)로 유명한 나파의 두 지역인 세인트 헬레나와 루더포드에 있으며 2006년 문을 열었다. 세인트 헬레나 와이너리는 최첨단 시설과 함께 수준 높은 현대 조각예술 작품들을 갖추고 있으며, 카베르네 소비뇽 위주의 와인을 중점적으로 만들어내고 있다. 지금까지 모두 140개가 넘는 와인이 90점 이상을 받았고 와인 스펙테이터(Wine Spectator)가 선정하는 세계 100대 와인에도 여러 번 상위를 차지했다. 현대적 예술 감각을 갖춘 테이스팅 룸에서는 여러 가지 현대조각품들은 물론이고 멀리 마야카마 산 밑으로 펼쳐진 그들의 포도밭을 감상할 수 있다.

템버 베이 와이너리(Tamber Bey Winery)

최상급의 말들을 훈련시키기 위한 세계적 시설을 갖춘 승마장이 있는 선댄스 랜치(Sundance Ranch)에 있다. 나파 밸리의 맨 북쪽 끝인 칼리스토가(Calistoga) 지역이며 2013년 승마장을 대대적으로 리모델링해 만들었다. 세분화된 포도밭의 포도를 모두 따로따로 발효시키기 위한 36개의 스테인리스 발효통이 한 지붕 밑에 설치되어 있는 최첨단 시설을 갖춘 와이너리다. 각각 465평방미터인 두 개의 저장 창고가 있는데, 숙성하는 데 가장 좋은 조건을 만들기 위해 온도와 습도가 모두 다르게 관리되고 있다. 와인을 시음하면서 말도 구경하는 즐거움이 있는 독특한 와이너리다.

다만 2013년도에 지어진 곳이어서 아직까지 이곳에서 생산된 와인에 대한 충분한 검증 이력은 부족하다.

비 셀러스(B cellars)

두 가지 조건으로 최고의 와인을 생산해낸다는 원칙으로 시작한 곳이다. 첫 번째 조건은 다양한 장소에 포도밭 여러 개를 두고 그때그때 최상의 포도를 골라 사용한다는 것이다. 실제로 이들이 나파 지역에 소유하고 있는 포도밭만도 17개에 이른다. 두 번째 조건은 그 포도로 섬세하게 블랜딩한 복합적이고 섬세하면서도 특별한 와인을 만들어낸다는 것이다. 포도밭은 대개 해발 400~600미터의 산 위에 있기 때문에 저녁부터 아침까지 머무르다 사라지는 안개보다도 지대가 높다. 자갈이 많고 물이 귀한 조건에서 자라는 나무는 필사적으로 열매를 맺는데, 그 열매는 알이 작고 양도 적으며 신맛과 단맛, 강한 타닌을 띤다.

달의 계곡 소노마 밸리

나파 밸리와 함께 미국에서 가장 중요한 와인 산지 중 하나는 소노마 지역이다. 나파와 소노마는 세로로 뻗은 마야카마(Mayakamas) 산을 사이에 두고 동서로 나뉘어 있는 계곡이다. 태평양이 있는 왼쪽은 소노마, 오른쪽은 나파다. 둘은 매우 비슷한 조건을 가지고 있으면서도 서로 다른 와인을 생산해내고 있다. 소노마에 많은 비가 내리면 나파에도 많이 내리고 소노마가 뜨거우면 나파도 뜨겁지만 테루아(Terroir) 즉 흙의 종류나 산세의 각도, 바람의 정도와 강우량 등의 제반 조건이 달라서 서로 다른 개성의 포도가 열리는 것이다. 나파가 하나의 큰 계곡을 중심으로 존재한다면 소노마는 보다 넓은 지역으로 퍼져 있는데, 나파에 가려서 별로 빛을 보지는 못하고 있다.

소노마는 캘리포니아 주 최초의 와인 지역이었다. 1857년에 처음으로 부에나 비스타(Buena Vista) 와이너리가 만들어졌다. 이곳은 면적이 나파보다 두 배 이상 넓고 90킬로미터에 달하는 태평양 해안을 끼고 있으며, 오랜 옛날에는 화산지대였기 때문에 이 지역의 흙은 프랑스보다 더 복잡하고 다양한 성분으로 이루어져 있다. 흙속에 거친 돌이 많아서 스트레스를 받은 포도나무가 맺은 포도 알은 작고 집중된 맛을 띤다. 아침저녁으로 바다에서 들어오는 차가운 안개 때문에 산도와 맛이 복잡해지고 나름의 개성이 생기는 것이다. 와인 스펙테이터(Wine Spectator)의 주편집인인 제임스 라우브는 '세상에 소노마 같은 지역은 없다.'라고 단호하게 말했다.

나파 밸리가 와인의 할리우드 같은 곳이라면 소노마 밸리는 그저 와인 지역이라고 할 수 있다. 소노마는 관광산업에 그다지 적극적으로 뛰어들지 않는다. 나파의 성공은 폭풍과도 같이 완벽하게 밀어닥친 기회와 운 때문이었다. 집중된 공동의 상업 정신, 마케팅 전략, 파리의 심판에서 거둔 대단한 성공, 세분화된 지역, 첨단시설을 갖춘 대형 와이너리의 출연 등으로 한꺼번에 시너지를 낸 것이다. 와인 기차, 열기구타기, 다양한 종류의 스파 체험, 골프 코스, 쇼핑 등 방문객들에게 다양한 재미를 제공한다. 나파가 빈틈없이 정리되어 있고 완벽하게 관리되는 격과 품위가 요구되는 고급의 상업지역이라면, 소노마는 거주지역과 숲, 와이너리들이 한데 어우러져 있는 목가적이고 친근한 분위기를 느낄 수 있는 곳이다. 또 가족 중심으로 운영되는 와이너리가 많다. 소노마는 선택과 다양함이라는 면에서는 나파 밸리보다 뒤처지지만 소노마 밸리의 중심인 타운 플라자(Town Plaza) 같은 곳에서는 우거진 숲에서 휴식을 취하거나 작고 특색 있는 가게들을 한가로이 구경하는 자유로움을 맛볼 수 있다.

나파와 소노마의 가장 큰 차이는, 나파의 와인이 보통 몇 가지 와인에만 집중적이고 전략적으로 치중되어 있다면, 소노마에서는 다양한 품종과 종류의 와인을 맛볼 수 있다는 것이다. 또 나파에서는 세계인들의 입맛에 맞춰 훈련된 메이커들에 의해 모두 같은 방식으로 포도 재배나 양조가 이루어진다면, 소노마에서는 개성을 중시하는 와인을 만들어내기 위한 창조적인 시도가 도전적이고 독립적으로 벌어지고 있다. 젊고 창조적인 와인 메이커들은 이미 그 명성이 하늘까지 닿아 있고 이미 새로운 시도를 주저하는 나파보다는 소노마로 몰려들고 있다.

소노마는 16개의 AVA(American Viticultural Areas) 지역으로 세분되어 있고, 4백 개가 넘는 와이너리들이 있는데 그 규모가 대부분 작고 3~4대에 걸쳐 가족들이 운영하는 곳이 많다. 250평방킬로미터에서 생산되는 포도로는 샤도네이가 가장 많고 카베르네 소비뇽과 피노 느와가 그 뒤를 잇는다. 카네로스와 러시안 리버 밸리(Russian River Valley) 지역은 차가운 기후 덕분에 훌륭한 샤도네이와 피노 느와, 리슬링이 생산된다. 뉴질랜드와 호주의 차가운 지역의 샤도네이처럼 러시안 리버 밸리의 샤도네이도 매우 훌륭하다. 차가운 기후에서 우수한 와인을 생산해내는 것은 더 많은 계획과 관리, 인내와 창조력, 유연성이 필요한 일이다. 독일과 프랑스의 부르고뉴, 오스트리아 등에서도 이렇게 서늘한 지역들이 유명하다. 드라이 크릭 밸리와 록파일(Rockpile) 지역의 진판델(Zinfandel)은 씹힐 것 같은 과일의 농익은 맛으로 명성이 높고 알코올 함유량도 약간 더 높다. 나이트 밸리(Knight Valley)와 알렉산더 밸리(Alexander Valley)의 흙은 자갈이 많은 덕분에 우수한 카베르네 소비뇽이 유명하다.

소노마 밸리의 애칭은 달의 계곡(Valley of the Moon)인데 처음 이곳 해안에 살던 미국 원주민들이 불렀던 이름이다. 미국이 낳은 세계적인 작가 잭 런던(Jack London)의 소설 제목이자 그가 머무르며 사랑했던 소노마 밸리의 목장 이름이기도 하다. 그는 1916년에 소노마 밸리의 글렌 앨런(Glen Ellen)에서 마흔 살에 숨을 거둘 때까지 19편의 장편소설과 200여 편의 단편소설을 썼는데, 전 세계에서 번역 출간된 작품이 가장 많은 미국 작가 중 한 명으로, 그의 작품들은 80개 이상의 언어로 번역되었다. 사생아로 태어나 제도교육을 제대로 받지 못한 그는 독학으로 글을 깨쳤고, 그의 작품은 신문배달, 통조림공장 직공, 세탁소 직원, 부랑아, 기자, 선원 등 갖가지 육체노동과 방랑으로 점철된 그 자신의 체험과 경험에서 얻어진 것이었다. 그는 언제나 남성적인 힘과 자유롭고 야생적인 생활을 찬양했다.

달 밝은 밤에 포도나무 가득한 계곡의 굴곡진 길을 따라 달리다 보면 울렁이는 자동차 앞으로 둥근 달이 떠올랐다가 다시 가라앉아서 이곳이 왜 달의 계곡이라고 불리는지 비로소 깨닫게 된다. 서늘하고 신비한 느낌을 주는 달을 보면서 세상 만물은 햇빛으로만 살아가는 것이 아니라 달빛으로도 살아간다는 것을 이 계곡에서 새삼 깨닫게 된다. 검은 포도나무 위로 반짝이는 별을 볼 수 있는 소노마 밸리의 밤은 신비하다. 나파와는 자매 같은 소노마 지역은 꼭 들러야 하는, 놓쳐서는 안 될 주요 와인 생산지다.

캘리포니아 와인과 포티나이너스

Wine 미국의 풋볼(football), 즉 미식축구는 미국인들에게 야구와 함께 가장 많은 사랑을 받는 스포츠다. 2012년 현재 미국에서는 고등학교와 대학교를 포함해 약 180만 명의 학생들이 풋볼을 즐긴다. 고등학교와 대학교에 야구장은 없어도 풋볼장은 거의 언제나 있을 정도이다. 풋볼은 전 세계에서 가장 많은 관람객이 몰리는 경기 종목이며 결승전인 슈퍼볼(Super Bowl)은 월드컵 결승전과 함께 전 세계인들이 가장 많이 지켜보는 경기다. 풋볼에서는 매년 약 100억 달러의 매출이 일어나고 도박사들의 배팅도 제일 많이, 크게 걸리는 스포츠다. 가로 110미터, 세로 49미터의 직사각형 운동장에서 양 팀에서 각각 11명의 선수들이 경기를 하는데, 이들은 공격전담팀, 수비전담팀, 특별 팀으로 나뉜다. 규칙이 많고 복잡해서 경기를 이해하는 데 시간이 걸린다. 상대방을 땅을 공격해가면서 그 땅을 점령해 누가 더 많은 점수를 올리는가를 가리는 경기로, 단순하고 야성적이지만 엄격하고 신사적인 규칙이 요구되는 경기이기도 하다.

미국에는 모두 32개의 프로 풋볼 팀이 있는데 9월부터 경기를 시작해서 다음해 2월 말에 결승전인 슈퍼볼이 치러진다. 각 팀은 한 주에 한 경기씩 일 년에 모두 16번의 경기를 치르는데 경기가 워낙 격렬해서 부상자가 많이 속출한다. 보호 장비도 많아서 한 팀에 장비 관리 담당자만도 두세 명씩 따로 둔다. 1966년 슈퍼볼로 통합된 이래 우승을 가장 많이 거둔 팀은 그린베이 패커스(Packers)와 달라스 카우보이스(Cowboys), 피츠버그 스틸러스(Steelers) 그리고 샌프란시스코 포티나이너스(49ers) 네 팀으로, 각각 4번씩 우승을 차지했다.

샌프란시스코의 포티나이너스라는 이름은 그 기원을 서부 개척사에서 찾을 수 있다. 1848년 캘리포니아의 시에라 산맥에 있는 셔터스 밀(Sutter's Mill)에서 금광이 처음 발견되었고 이듬해인 1849년도부터 수많은 사람들이 금을 찾아 서부로 밀려들었다. 이들을 가리켜 앞자리인 1800은 빼고 뒷자리의 두

숫자 49에다 사람을 뜻하는 er을 붙여 49ers라고 불렀던 것이 오늘날 구단 이름이 된 것이다.

캘리포니아에 유럽식 포도 재배의 전통이 본격적으로 자리 잡은 것은 2백여 년 전 스페인의 선교사들을 통해서였다. 1769년 샌디에이고에 최초의 성당이 세워졌고 캘리포니아를 세로로 가르는 지금의 101번 도로를 북쪽으로 따라 올라가면서 차례대로 성당이 지어지기 시작했다. 미사에 쓰일 포도주를 만들기 위한 포도나무의 재배가 이루어지기 시작한 것도 그때부터였다. 그 길을 따라 들어선 성당은 모두 21개로 성당들의 설립 목적은 원주민을 대상으로 한 복음 전파와 미국 서부를 효과적으로 식민지화하기 위한 기지 역할을 하기 위해서였다. 그 당시 신부들은 이미 소노마 지역에서 재배되는 포도 중에서 캘리포니아의 포도가 가장 우수하다고 품평했다.

스페인 사람들이 세운 성당을 중심으로 미국 서부가 개척되면서 많은 이민자들이 몰려들었고 프랑스, 독일, 이태리, 헝가리 등지에서 온 사람들이 저마다 포도 재배를 시작했다. 그 당시에도 와인은 모든 이들이 매일매일 즐기는 음식이었을 뿐만 아니라 종교의식이나 축제, 각종 행사에 쓰였기 때문이다. 그들이 들여왔던 포도나무의 종자와 재배기술, 참나무통 제작 방법 등은 모두 유럽의 그것과 같은 것들이었다.

미국은 50개 주 모두에서 와인을 생산한다. 가장 많이 생산하는 주는 캘리포니아, 워싱턴, 뉴욕, 오리건 주 순이다. 이중 캘리포니아 주에서 생산되는 와인의 양이 미국 전체에서 생산되는 양의 90퍼센트 정도를 차지한다. 캘리포니아 주를 하나의 국가로 간주한다면 프랑스, 이태리, 스페인에 이어 세계 4위의 와인 생산국이 된다. 그 다음으로 중국, 아르헨티나, 호주, 독일, 칠레가 뒤를 잇는다. 와인 인스티튜트(Wine Institute)의 조사에 의하면 2016년 현재 미국 전체에 있는 와이너리의 수는 11,496개인데 그중 무려 4,653개가 캘리포니아에 있다고 한다.

캘리포니아 주는 전 세계에서 가장 빠르게 발전했고, 유명해진 와인 생산 지역이다. 캘리포니아 와인은 불과 오십 년 전까지만 해도 프랑스 와인과는 비교도 되지 않는다고 여겨졌다. 하지만 지금은 전 세계의 중앙무대에 우뚝 선 와인이 되었다. 그 비결은 캘리포니아 주립대학(University of California)과의 긴밀한 산학협동으로 포도재배 및 양조기술을 과학화시켰다는 점과 다양한 실험을 통해 우수한 와인을 놀라울 만큼 동일한 품질로 지속적으로 생산할 수 있게 되었다는 점이다. 캘리포니아 와인 역사의 중심에는 로버트 몬다비(Robert Mondavi)라는 인물이 있다. 그를 거론하지 않고는 캘리포니아 아니, 미국 와인의 역사를 쓸 수 없을 정도로 그는 지대한 공헌을 했다.

유럽에서는 이미 오래 전부터 와인 생산 방식에 시스템을 적용했고 그것이 오늘날 그들의 와인이 세계적으로 유명해질 수 있는 기본 틀이 되었다. 지역을 기후와 흙에 따라 세밀하게 나누었고 포도밭에 등급을 매겼으며 재배는 물론이고 제조 방법까지도 법으로 규제했다. 그러나 전통과 경험에 따라 수천 년을 이어 내려온 그들의 방식은 달리 보면 새로운 도전에 대한 제약이었다. 그들에게는 기존의 틀을 깬다는 것이 쉬운 일이 아니었기 때문이다. 유럽의 와이너리들이 그나마 미국의 과학적인 와인 제조방식을 조심스럽게 참고하기 시작한 것은 2차 대전이 끝나고부터였다. 하지만 그때는 이미 신세계(미국, 칠레, 호주, 뉴질랜드, 남아프리카공화국 등) 와인들이 샛별처럼 떠오르고 난 뒤였다.

일조량이 많은 캘리포니아의 포도는 당도가 높아서 알코올 도수가 좀 더 높고 유럽 지역의 와인들에 비해 포도 품종에 따른 과일의 향과 맛이 좀 더 뚜렷하게 표현되는 편이다. 캘리포니아의 와인은 한 해 한 해의 차이가 거의 없이 좋아서 빈티지가 크게 중요하지 않고 프랑스나 유럽의 와인보다 풍부하고 충만하다. 또 씹히는 것 같은 과일의 맛과 향이 강렬한 첫인상을 주며 바디와 구조가 탄력 있고 굳건한 것도 캘리포니아 와인의 특징이다.

INFO

캘리포니아는

1847년 멕시코와의 전쟁에서 미국이 승리하면서 1,500만 달러를 주고 대부분의 서부지역을 접수한 땅 중의 하나다. 미국 땅이 된 바로 다음해인 1848년에 시에라네바다산맥에서 미국에서는 처음으로 금이 발견되었고 수많은 사람들이 몰려들면서 서부 개척사의 신호탄이 되었다. 남북으로 길이가 1,240킬로미터, 넓이가 400킬로미터, 총 면적은 42만 평방킬로미터로 대한민국의 네 배가 조금 넘는 크기이며 북위 32도에서 42도 사이에 걸쳐 있다. 인구는 약 3천8백만 명으로 미국 전체 인구의 12퍼센트를 차지한다.

태평양 연안인 샌프란시스코를 중심으로 한 지역은 따뜻한 겨울과 건조한 여름을 지닌 지중해성 기후를 띤다. 전 세계적으로 지중해성 기후가 차지하는 면적은 불과 2퍼센트에 지나지 않지만 바로 이 지역에서 세계적인 유명 와인들이 생산되고 있다. 지중해성 기후를 가진 지역은 지구상에 겨우 다섯 군데밖에 없다. 북반구에서는 캘리포니아 주의 샌프란시스코 주변과 서유럽의 스페인, 프랑스, 이탈리아 주변 등이며, 남반구에서는 칠레 연안과 뉴질랜드 호주, 그리고 남아프리카공화국이다.

캘리포니아 주의 경제 규모는 미국, 중국, 일본, 독일, 프랑스에 이어 세계 6위이며 주력 산업은 실리콘밸리를 중심으로 한 인공지능, 자율주행, 자동차 등 각종 테크놀로지 산업, 에너지, 관광, 할리우드를 중심으로 하는 영화 및 음악 산업, 그리고 전 세계에서 가장 과학화된 농업 등이다. 실리콘밸리에는 구글, 야후, 이베이, 페이스북, 애플, 인텔, HP, 테슬라 등의 본사가 있다.

캘리포니아의 농업은 특히 세계적으로 유명한데, 대한민국 면적의 두 배 가까운 땅이 평평한데다 흙에 돌이 없고 관계시설이 갖춰져 있으며 백 미터를 파 들어가도 영양이 풍부한 찰진 흙이 나올 만큼 비옥하다. 이곳에서 출하되는 4백 가지 정도의 농산품들은 모두 양이 풍부하고 품질도 우수해서 전 세계로 수출된다. 한국은 캘리포니아 주의 농산물을 세계에서 여섯 번째로 많이 수입하는 국가다. 참고로 가장 많이 생산되는 작물은 2015년도 기준으로 우유, 아몬드, 포도, 축산(소고기), 이파리상추, 딸기, 토마토, 양계(계란 포함), 호두, 건초 순이다. 특히 아몬드는 전 세계 공급량의 86퍼센트를 이곳에서 담당한다. 그 밖에도 피스타치오, 와인, 쌀, 가공된 오렌지, 건포도 등이 있다. 캘리포니아에서 생산되는 와인은 프랑스, 이태리, 스페인에 이어 전 세계에서 4번째로 많은 양이다.

행복과 보왕삼매론(寶王三昧論)

세상에서 가장 소중한 것은 건강이라는 말에 동의하지 않는 사람은 별로 없을 것이다. 그렇다면 그 다음으로 중요한 것은 무엇일까? 평상심즉도(平常心卽道)라는 말이 있다. 바람 부는 벌판에서 살고 있지만 그 바람에도 무심하게 살아가는 들꽃처럼 세상의 격랑 속에서도 객관적이고 안정된 마음으로 살 수 있다면 그것이 바로 도(道)를 이룬 경지라는 말이다. 매일매일이 좋은 날이다(日日是好日)라는 말도 같은 의미다. 마음의 안정과 평안이 도의 궁극적 목표라고 얘기할 만큼 평상심을 유지하며 산다는 것은 쉽지가 않다.

안정이나 평화는 고독이라는 통로를 거쳤을 때에야 비로소 얻을 수 있는 것이어서 꽤나 역설적으로 느껴진다. 그런데 고독해지려면 혼자 있는 시간이 많아야 하고 시간을 보낸다는 의식을 하지 않고 살아야 하는데 혼자 있는 것이 현대인들에게는 쉬운 일이 아니다. 요즘처럼 정보가 넘쳐나고 온갖 유혹이 사방에 널려 있는 때에는 더욱 그렇다. 고독한 사람들은 소리 없이 지나가는 바람의 속살거림이나 한 송이 꽃의 떨림도 놓치지 않는다. 고독에 단련될수록 주변의 작은 것들에도 깨어 있고 행복을 민감하게 느낄 수 있다. 따라서 젊어서부터 고독을 가까이 할 줄 안다면 그것은 불행이 아니라 오히려 다행이다.

내면이 공허한 사람일수록 외부의 자극을 원한다. 물질이 풍족한 사람은 외적인 것들을 수월하게 충족시킬 수 있어서 오히려 내면이 빈약해지기 쉽다. 그런데 외적인 것에서 만족을 느끼지 못하면 내면이 쉽게 무너질 수도 있다. 자기 내면의 마음살림이 풍부한 사람은 남에게 기대지 않지만, 그렇지 않은 사람은 남의 것을 기웃거리며 무리에 섞이고 싶어 한다. 보통 사람들은 무리 속에서 위로를 얻고 싶어 하지만, 지혜로운 사람들은 언제나 깊은 산속의 꽃처럼 홀로 있다. 소식이 건강에 좋은 것처럼 사람을 적게 만나는 것이 오히려 마음의 평화를 누리는 데는 더 좋다.

인생은 행복해야 한다. 물론 행복을 느끼는 것은 정신 능력의 크기에 따라 다르고 마음먹기에 따라서도 달라진다. 행복이나 불행은 계속 이어지는 습성이 있다. 그래서 처음에 한 번 '행복해지기'가 중요하다. 그런데 다행인 것은 행복이 물질적인 것에만 있지 않다는 것이다. 물질이 주는 행복은 제한적이다. 동서고금을 막론하고 지혜로운 사람들은 물질과 행복은 같이 가지 않는다는 사실을 끊임없이 설파해왔다. 물질이 오히려 독이 되는 경우도 많다. 교리에만 집착해서 상식적인 인간애를 상실해서도 안 되고, 특정한 믿음만을 고집하며 심각하게만 살아서도 안 된다. 그러면 인생의 가치 있는 것들을 잃어버리기 쉽다. 행복은 우리 주위에 있고 작은 것들에 있기 때문이다. 삶이 단순해질수록 행복해지기도 쉽다. 우리들의 영적 스승이나 지혜로운 사람들은 모두 그랬다.

와인을 따르면서 잔으로 떨어지는 소리를 듣고, 투명한 잔에 담긴 밝은 빛깔을 보고, 향을 즐기며 잔을 부딪치면서 잠시나마 행복을 맛볼 수 있다. 행복을 느끼는 그 순간에는 어떤 다른 생각도 나지 않는다. 걱정이나 슬픔, 고통은 그 순간에 없다. 그리고 그러한 순간이 인생이라는 하얀 종이에 행복이라는 점으로 자꾸 채워지다 보면 그 인생은 결국 행복한 인생이 되는 것이다.

내가 없는 순간을 경험해 보는 것은 우리 삶에서 매우 귀중한 체험이다. 내가 없는 그 자리에는 분별도, 시비도, 좋고 나쁨도 없다. 산은 산일 뿐이고, 물은 그저 물일 뿐이다. 행복해지는 데도 요령이 있다. 삼라만상의 이치를 꿰뚫은 우리의 지혜로운 스승들이 남겨놓은 비결을 순진하게 받아들이고 단순하게 실행해보는 것이다. 행복해지기 위한 요령의 하나로 보왕삼매론를 소개해본다.

- 몸에 병이 없기를 바라지 말라. 병이 없으면 탐욕이 생기기 쉬우니 병고로서 약을 삼아야 한다.
- 세상살이에 곤란함이 없기를 바라지 말라. 곤란함이 없으면 업신여기는 마음과 사치한 마음이 생기니 근심과 곤란으로써 세상을 살아가야 한다.
- 공부하는 데 마음에 힘듦이 없기를 바라지 말라. 힘듦이 없으면 배우는 것이 넘치게 되니 마음이 힘든 것에서 깨우침을 얻어야 한다.
- 수행하는 데 어려움이 없기를 바라지 말라. 어려움이 없으면 맹세가 견고하지 못하게 되니 진리를 얻는 데는 어려움을 동반자로 삼아야 한다.
- 일을 꾀하되 쉽게 되기를 바라지 말라. 일이 쉽게 되면 뜻을 경솔히 여기게 되니 여러 세월을 겪어서 일을 성취해야 한다.
- 친구를 사귀되 내가 이롭기를 바라지 말라. 내가 이롭고자 하면 의리가 상할 수 있으니 순결한 마음으로 사귐을 오래 이어갈 수 있어야 한다.
- 남이 내 뜻대로 순종해주기를 바라지 말라. 남이 내 뜻대로 순종해주면 마음이 스스로 교만해지니 내 뜻에 맞지 않는 사람들로 숲을 삼아야 한다.

- 공덕을 베풀려면 과보를 바라지 말라. 과보를 바라면 도모하는 뜻을 가지게 되니 덕을 베푸는 것을 헌신처럼 버려야 한다.
- 이익을 분에 넘치게 바라지 말라. 분에 넘치는 이익은 어리석은 마음이 생기게 만드니 적은 이익으로 부자가 되어야 한다.
- 억울함을 당했을 때 밝히려고 애쓰지 말라. 억울함을 밝히면 억울한 마음을 돕게 되는 것이니 억울함을 당하는 것을 오히려 마음을 갈고닦는 것으로 돌려야 한다.

WINE

사막, 시간, 와인

사막와인과 죽음의 계곡

파킹맨을 위한 건배

와인 속의 시간

보이는 것, 보이지 않는 것

외계인과 포트 와인

입맛과 무상예찬

사막와인과 죽음의 계곡

Wine 미국 본토는 크게 서부, 중부, 동부로 나뉜다. 비율로 따지면 각각 40, 30, 30퍼센트 정도인데 서부 땅의 대부분은 사막이다. 그 사막은 또 세 가지 다른 특징이 있는 사막들로 구성되어 있는데 그중에서도 우리가 접하기 쉬운 사막은 캘리포니아 주와 네바다 주에 걸쳐 있는 모하비(Mojave)

사막이다. 라스베이거스가 위치해 있는 모하비 사막은 대한민국 영토의 삼분의 이 정도 크기인데 모래로만 되어 있는 것은 아니고 자갈이며 마른 흙, 척박한 산맥 등으로 구성되어 있다. 해발 600미터에서부터 1,500미터에 걸쳐 있는 고지대여서 날씨가 청명하고 아침저녁은 상쾌해서 코요테, 박쥐, 방울뱀, 붉은꼬리매, 사막거북 등의 동물들과 다양한 식물들이 서식하고 있다.

사막은 아름답고 경이롭고 신비하다. 일상에서는 느껴볼 수 없는 특별한 기운으로 가득 차 있다. 사막의 뜨거움은 여름의 그것과는 다르다. 숨이 막힐 것 같은 뜨거운 바람이 작고 빈약한 가슴을 파고들 때 비로소 미약한 나의 존재가 살아 있다는 희열을 느끼게 된다. 텅 비어서 가득 차 있고, 볼 것이 없어서 볼 것이 많은 사막에서 시간이나 영원, 공(空)이라는 개념을 어렴풋이 깨닫게 된다. 사람이라는 존재는 찰나에 불과하다는 것과, 우주는 그러한 찰나들이 무한대로 모여 이루어졌다는 것을 알게 된다. 높고 깊은 사막의 하늘 밑에 서면 비로소 내적인 느림과 침묵을 배우게 된다.

우리의 삶은 오로지 소유에 모든 초점이 맞춰져 있다. 한 순간도 소유에서 떠나지 못한 채 살아간다. 하지만 사막에서는 비로소 '없다'는 것의 즐거움을 역설적으로 느낄 수 있다. 사막은 인내와 지혜로움을 터득하게 해주고 침묵과 깊게 보기, 그리고 내면에 잠들어 있던 우리의 영성을 깨워 준다. 보석가루 가득 뿌려진 밤하늘 아래 서면 사막은 수고로움 끝에 찾아오는 기쁨에 대해 알게 해준다. 인류의 위대한 영적 스승들이 모두 사막이나 광야에서 태어났고 사막을 무대로 활동했다는 것은 우연이 아니다.

뜨거운 사막에서도 와인이 생산된다. 일 년에 50밀리미터 정도의 강우량과 평균기온 37도를 기록하는 미국 애리조나 주의 사막에 인구 9백 명 정도의 소노이타(Sonoita)라는 시가 있는데 이곳에서는 개성이 집중적이면서도 복잡한 맛을 가진 와인을 만들어낸다. 1,500미터 높이의 고원지대여서 비교적 서늘한 날씨를 보이기 때문에 가능한 것이다. 여름에는 섭씨 40도까지 올라가고 겨울에는 영하 20도까지 내려가는 중국 내몽고의 고비사막에서도 훌륭한 와인이 만들어진다. 하지만 겨울에는 포도나무가 얼어죽지 않도록 각별한 노력을 기울여야 하고 늦게 오는 봄을 기다리면서 서두르지 말아야 한다.

포도나무는 사막뿐 아니라 산맥 꼭대기나 남극 또는 북극 근처 등 전 세계의 거의 모든 곳에서 재배가 가능하다. 실제로 아프리카 적도 부근의 우간다에도 포도원이 있다고 하는데 그곳에서 나는 포도는 향이 매우 강하다고 한다. 영국의 선교사들이 포도주를 만들기 위해 포도나무를 들여온 것으로 추측되며 건기와 우기가 일 년에 두 차례 교차하기 때문에 해마다 이모작도 가능하다고 한다. 해발 1,200미터에 위치해 있어서 일 년 내내 기온의 변화가 거의 없고 평균기온이 섭씨 18~29도 사이로 유지되기 때문이다. 또 대부분의 땅이 사막지대여서 비가 거의 내리지 않는 이스라엘에도 많은 와이너리들이 있고 인상적인 와인이 만들어지고 있다. 그런데 이들 포도농장의 최대의 문제는 날씨나 비가 아니라 이곳저곳을 떠돌아다니는 낙타 떼들이다. 그들이 한 번 포도밭에 들어갔다가는 순식간에 기둥만 남기고 포도 잎을 모조리 먹어치워 버리기 때문이다. 그래서 그곳의 농장주들은 중동 사막에서 유목생활을 하는 배두인(Baeduin) 족의 낙타들이 침입하는 것을 막기 위해 방지시설 설치에 많은 노력을 기울이고 있다.

사막에서 만들어지는 특별한 와인을 맛보기 위해서만이 아니라 육신 속에 머무는 영혼을 위해서라도 한 번쯤은 사막을 찾아야 한다. 아침에 일어나서 저녁에 잠들 때까지 인공적인 것들에 둘러싸여 있는 일상에서 벗어나 강렬한 태양과 뜨거운 바람, 버적거리는 흙으로 이루어진 척박한 자연 그대로의 사막을 경험해봐야 한다.

모하비 사막에 있는 죽음의 계곡(Death Valley)은 우리나라의 경상남도 면적만한 국립공원인데 이 지역은 여름에 기온이 섭씨 57도까지 올라간다. 차에서 내리면 즉시 뜨거운 바람이 온몸을 휘감고 몇 걸음만 걸어도 살이 벌겋게 타오르기 시작한다. 땀은 나오는 순간 말라버리기 때문에 얼굴과 몸엔 소금만 버적거릴 뿐 물기는 못 느낀다. 죽음의 계곡은 편안한 환경에서만 살아온 현대인들이 얼마나 약한 존재인가를 곧바로 깨닫게 해주는 곳이다. 갈 수 없는 천국처럼 버티고 서 있는 칼산 같은 산맥과 서성대는 뜨거운 바람, 세세생생 엎드려 살아온 사막의 풀들이 필사적으로 뿌리를 박고 있는 메마른 땅에서 한순간만이라도 서 있는 경험을 해봐야 한다.

INFO

죽음의 계곡 국립공원

살아생전에 가보기 쉽지 않은 극적이고 영적인 장소다. 캘리포니아 주의 동남쪽에 있으며 네바다 주와도 경계가 닿아 있는 총 13,500평방킬로미터의 땅이다. 한국의 경상남도보다 조금 작은 면적으로 미국에서 가장 건조한 곳이다. 1929년에는 단 한 방울의 비도 내리지 않았다. 1913년 7월에는 섭씨 57도로 최고 기온을 기록했는데 당시 서반구에서는 최고의 기온이었다. 배드워터 베이슨(Badwater Basin)은 해발 마이너스 86미터로 서반구에서 두 번째로 낮은 지점이다. 죽음의 계곡 내에는 해발 3천 미터가 훨씬 넘는 텔레스코프 픽(Telescope Peak)이라는 봉우리가 있는데 그 위에는 세계에서 가장 오래 사는 나무인 브리스톨콘(Bristlecone) 소나무들이 살고 있다. 최고령 소나무의 나이는 4,600살이다. 그곳에서부터 110킬로미터 떨어진 곳에는 북미 대륙에서 맥킨리(McKinley) 봉 다음으로 가장 높은 해발 4,421미터의 휘트니 산이 있다.

1848년 캘리포니아의 시에라 산맥에서 금광이 발견된 이래 수많은 사람들이 일확천금을 꿈꾸며 캘리포니아를 향해 말을 달렸다. 시에라 산맥의 금광에 도달하기 위해 당시에는 죽음의 계곡이라고 불리지 않았던, 그 계곡을 피해 남쪽인 로스앤젤레스로 내려갔다가 다시 북쪽으로 올라가야만

했다. 어느 한 그룹이 직선 코스를 택했다. 3주 정도의 시간을 벌 수 있기 때문이었다. 하지만 동쪽에서 서쪽으로 100킬로미터가 넘어가는 횡단은 예상했던 것보다 훨씬 더 잔인했다. 계곡 어디에서도 물 한 방울이 나오지 않았고 바람은 뜨거웠고 땅은 메말라 있었다. 자비라고는 눈곱만큼도 보이지 않았다. 말과 소들이 쓰러져 죽어나갔고 이어서 사람들까지 쓰러지기 시작했다. 천신만고 끝에 그곳을 빠져나온 사람들은 뒤를 돌아보며 이렇게 말했다. "안녕, 죽음의 계곡이여……."

무시무시한 이름과는 달리 죽음의 계곡에도 다양한 생명체들이 존재한다. 천 가지 이상의 식물들과(그중 50가지는 전 세계에서 이곳에서만 서식한다) 300종류의 새, 51가지의 포유류 동물, 36가지의 파충류, 그리고 약간의 양서류와 물고기가 산다. 송사리같이 작은 물고기들이 겨울에 비가 오면 한시적으로 고인 물에서 살다가 날이 뜨거워지고 물이 말라가면 땅 밑으로 깊이 파고 들어가서 알을 품은 채 죽는다. 다시 겨울이 오고 비가 와서 웅덩이에 물이 고이면 여름 내내 땅 밑 깊은 곳에 묻혀 있던 알이 비로소 부화되어 다시 짧은 생을 살아간다.

이곳을 찾기에 가장 좋은 계절은 1월과 2월이다. 평균기온이 낮 최고 22도, 최저 8도로 쾌적하며 강수량이 평균 1.3센티미터쯤이어서 일 년 중에 가장 비가 많이 오는 달이기도 하다. 이때는 온 계곡에 꽃이 만발해 경치가 매우 아름답다. 고고학자들의 말에 따르면 이곳에서는 최소 9천 년 전부터 사람들이 살았다고 한다. 팀비샤 쇼숀(Timbisha Shoshone) 원주민들은 1천 년 전부터 지금까지 이곳에서 살아왔다.

누구의 생각이었는지 모르지만 유감스럽게도 죽음의 계곡 안에는 골프장이 하나 있다. 18홀을 갖춘 해발 마이너스 65미터에 있는 퍼니스 크릭(Furnace Creek) 골프장으로 세계에서 가장 낮은 지점에 위치해 있다. 해발이 높은 곳에서는 공이 더 멀리 나가지만 해발 고도가 낮은 이곳에서는 잘 날아가지 않는다. 게다가 그린이 작고 읽기가 매우 어렵다. 왜냐하면 지형이 매우 낮아서 어느 쪽으로 경사가 있는지 모르기 때문이다. 여름에는 퍼팅하기가 더 어려운데, 뜨거운 태양빛에 그린이 타지 않도록 풀을 길게 자라게 두었기 때문이다. 그래서 여름에는 여름규칙이 적용되는데 즉, 퍼팅할 때 깃발을 뽑지 않아도 되고 내 공이 상대방의 길을 막고 있지 않는 한, 볼 마크를 안 해도 된다. 50도가 넘는 매우 건조한 곳이기 때문에 움직임과 에너지를 최대한 절약하기 위해서이다.

파킹맨을 위한 건배

Wine 29만 평방킬로미터에 이르는 미국 서부의 네바다(Nevada)주는 대한민국 영토의 세 배 가까운 면적이지만 인구는 280만 명이 조금 안 된다. 땅의 대부분은 사막이며 라스베이거스라는 도시로 유명한 곳이기도 하다. 매년 4천만 명 정도의 방문객들이 다녀가는, 단연코 전 세계에서 가장 화

려하고 호화로운 위락 단지를 갖춘 유일무이한 도시이며, 인류 역사상 가장 짧은 시간 안에 인간의 욕망을 구현한 도시이기도 하다. 미국에서 가장 큰 호텔 25개 중 21개가 라스베이거스에 있고 그중 제일 번화한 거리인 라스베이거스 대로에만 15개나 몰려 있다. 6만5천 개가 넘는 객실에서 한 방에 두 명씩만 묵는다고 쳐도 하룻밤에 13만 명이 넘는 사람들이 같은 시간대에 먹고 씻고 자고 볼일을 보며 즐길 수 있는 곳이다. 하늘에서 라스베이거스의 중앙로인 스트립(strip)을 내려다보면 전 세계에서 가장 밝게 보인다고 한다.

번화가인 스트립에서 한 블록 안으로 들어서면 더 시그니처 오브 엠지엠(The Signature of MGM)이라는 고급 호텔이 있다. 콘도형 호텔로 38층짜리 빌딩 세 개로 이루어져 있는데 빌딩마다 스파와 수영장, 격조 높은 음식점 등이 있고, 객실 내부에는 고급 가구와 티브이, 오디오, 주방기구가 갖춰져 있다. 이 호텔에 투숙하려고 차를 가지고 가면 주차 전문 종업원에게 차를 맡겨야만 한다. 그들의 임무는 손님들을 맞이하고 그들의 차를 입고하고 출고해주는 일이다.

검은 상의를 걸친 육십 대 초반의 신사가 주차요원에게 자신의 차를 가져다줄 것을 요청했다. 그러나 그는 차를 맡길 때 받는 증명서를 보여주지 않았다. 증명서는 작은 종이쪽지라서 누구나 조금만 부주의하면 잊어버리기 쉬운 것이었다. 물론 받아놓은 자동차 키에 소유자의 이름을 적어놓아서 이름만 대도 자동차 키를 찾아내는 것은 어렵지 않은 일이었다. 주차요원은 그 신사에게 증명서를 요구했다. 신사는 선선히 상의를 뒤지면서 말했다. "내가 이 호텔의 주인이요." 뜻밖의 말이었지만 그는 당황함이 없어 보였다. 그러고는 누구에게나 하는 같은 태도로 담담하게 말했다. "미안합니다만 저는 증명서를 봐야만 합니다." 종업원은 신사가 꺼낸 증명서를 훑어보고 나서 말했다. "감사합니다. 당신을 알아보지 못해서 죄송했습니다. 조금만 기다려주세요. 먼저 와서 기다리고 있는 손님의 차를 빼드려야 하거든요. 곧 돌아오겠습니다." 그는 앞 고객의 차를 출고하기 위해 달려나갔고 호텔 주인은 오 분 정도를 내 앞에 서서 기다려야 했다.

갑자기 목이 말랐다. 시원한 것이 한 잔 마시고 싶었다. 라스베이거스의 열기 때문만은 아니었다. 이 사회는 아직도 원칙이 지켜지고 있는가? 곧 망할 것 같은 요소를 넘치도록 가지고 있는 이 나라에 아직도 긍정적 미래가 있는 것인가? 오바마 대통령의 신용카드가 음식점에서 거부되어 그의 아내가 대신 지불해야만 했던 나라, 대통령이나 국무장관도 계획에 없이 외부에서 점심을 사먹으려면 차례대로 줄을 서야 하는 나라, 경찰국장도 신호를 위반하면 딱지를 끊게 되는 나라, 주차를 해도 그의 지위나 명예에 관계없이 순서대로 해주는 이 나라의 미래에 대해서 순간 혼란스러웠다. 원칙에 충실하고 침착하게 일을 처리하는 그에게 갑자기 얼음이 담긴 시원한 로제(Rose) 한 잔을 건네주고 싶었다.

신선한 사과와 딸기, 크랜베리(산수유)와 산딸기 같은 과일의 맛과 장미꽃 향이 나는 새콤한 로제는 가볍고 너무 달지도 않다. 그래서 더운 여름날에 시원하게 즐길 수 있는 좋은 와인이다. 가볍고 밝게 빛나는 붉은색은 소녀처럼 아름답다. 모든 나라에서 로제를 만들고 있고, 만드는 방식이나 색, 맛도 다양하지만 전통적으로 프랑스나 이태리, 스페인, 독일, 포르투갈에서 만드는 것이 유명하다. 최근에는 미국에서도 우수한 품질의 로제가 많이 생산되고 있다. 붉은 포도를 으깨어 발효통에 껍질도 같이 넣어서 하루 내지 삼일 정도 두었다가 원하는 만큼의 색을 얻어 만들기도 하고, 레드 와인을 만들기 위해 준비된 포도주스에서 맑은 핑크색 주스만 걷어내어 따로 발효시켜서 만들기도 한다(핑크색 주스를 빼버린 레드 와인은 그만큼 농축된 것이어서 맛과 향이 더 강해진다). 로제는 매우 빠른 속도로 산화되기 쉬워서 생산된 지 일 년 이내에 마시는 것이 좋다.

시원한 로제 한 잔은 아마 더운 여름날을 부지런히 뛰어다니는 파킹맨의 더위를 잠시나마 식혀줄 것이다. 제도와 질서를 지키는 사람들을 위해 건배를! 당연하다는 듯 기다리고 있던 호텔 주인을 위해 건배를! 원칙에 충실하고 담담하게 자신의 일을 처리하던 파킹맨을 위해 건배를!

INFO

라스베이거스에 대한 몇 가지 재미있는 실화들

▶ 1980년, 한 병원에서 간호사들이 어느 한 환자가 죽을지 그렇지 않을지에 대한 내기를 한 것 때문에 정직 처분을 받았다. 한 간호사는 그 게임에서 이기기 위해 환자를 죽이려고 했다는 이유로 기소되기도 했다.

▶ '심장마비 식당(Heart Attack Grill)'이라는 곳에서 8천 칼로리가 넘는 4층짜리 햄버거를 먹던 사십 세의 사나이가 실제로 심장마비를 일으켜 응급실로 실려갔다. 8천 칼로리는 미국 식품의약국(FDA)의 하루 추천 칼로리의 네 배나 되는 것이다. 최근에는 1만 칼로리의 햄버거도 출시됐다. 이 식당은 나쁜 건강(bad health)을 찬양하며 엄청난 칼로리의 햄버거를 판매하는데, 몸무게가 158킬로그램이 넘는 사람에게는 햄버거를 무료로 제공한다. 매일 수십 명의 사람들이 공짜 햄버거를 받으려고 몸무게를 재기 위해 줄을 선다. 종업원들은 모두 간호사 복장을 하고 있다. 그 식당에서 제공하는 아이스크림 쉐이크 역시 살인적이다. 지방이 워낙 많아서 잠시만 놔둬도 버터로 변해 버린다. 만약 손님들이 주문한 햄버거를 다 먹지 못하고 남기면 간호사 복장을 한 여종업원들이 넙적한 국자 같은 것으로 때리기도 한다. 라스베이거스의 구시가지인 프리몬트 스트리트에서 성업 중이다.

미국은 국민 세 명당 한 사람이 비만으로 비만율이 경제 규모가 큰 나라들 중에서는 멕시코 다음으로 높아 전 세계 2위이다. 비만은 예방할 수 있음에도 불구하고 미국에서 비만으로 사망하는 사람은 일 년에 12만 명이 넘는다. 또 그에 따른 비용도 환자 일인당 1,429달러 이상이며, 일 년 총 비용은 1,470억 달러나 된다고 한다.

▶ 세계적으로 잘 알려진 미국의 백만장자 하워드 휴즈(Howard Huges)는 라스베이거스의 데저트 인(Desert Inn)이라는 호텔에서 묵기를 좋아해서 아주 오랫동안 머문 적이 있었다. 그런데 장기투숙을 꺼려하는 호텔 측에서 그에게 퇴거를 요청했다. 그러자 그는 얼마 후에 그 호텔을 통째로 사버렸다.

▶ 라스베이거스에서의 결혼은 빠르고 쉽다. 혈액검사를 요구하지 않으며 이혼한 지 몇 개월이 지나야만 한다는 규정도 없다. 마찬가지로 이혼 역시 조건을 따지지 않으며 즉석에서 가능하다. 결혼할 때는 60달러가 들고(신용카드로 지불하면 5달러가 더 부과된다) 이혼할 때는 좀 더 많은 300달러쯤 든다. 결혼증명서를 발급해주는 시청은 매일 밤 12까지 문을 열고, 즉석에서 결혼을 할 수 있는 작은 예배당이 라스베이거스 시내에만 수십 군데가 있다. 어떤 곳은 드라이브 인(drive-in)과 함께 24시간 영업을 하기도 한다.

▶ 우편배달회사인 페덱스(FedEx)의 회장인 프레드 스미쓰는 1970년대에 그가 가진 마지막 5천 달러를 밑천으로 블랙잭 게임을 해서 3만2천 달

러를 따서 회사를 며칠 더 유지할 수 있었다. 그 뒤에 그는 투자가들로부터 1천1백만 달러의 투자를 유치하는 데 성공했다.

▶ 1992년에 아취 카라스(Arch Caras)라는 사나이는 50달러를 가지고 4천만 달러를 만들었다. 그러나 결국 다 잃고 말았다.

▶ 중장비 놀이터가 있는데 불도저를 몰며 놀 수 있는 곳이다. 또 군대에서나 있을 각종 중화기를 쏘아볼 수 있는 곳까지 있다.

▶ 파리스(Paris) 호텔 정문에 위치한 에펠탑은 프랑스 파리의 것을 따라 그 크기 그대로 지으려고 했으나 바로 근처에 있는 공항 때문에 지금처럼 절반 크기로 지어졌다.

와인 속의 시간

Wine 구약성경 창세기에는 노아가 대홍수 후에 아라라트 산에 정착하여 첫 농사를 지은 다음 포도주를 담가 마시고 대취해 아들들에게 발가벗은 모습을 보인 장면이 나온다. 2천5백 년 전 그리스의 역사학자 투키디데스(Thucydides)는 '지중해 사람들이 올리브와 포도나무를 재배하는 법을 배우

면서 야만스러움에서부터 벗어나기 시작했다.'고도 썼다. 학자들은 사회라는 구성체가 고대 메소포타미아 문명에 뿌리를 두고 시작한 것과 마찬가지로 발효를 통한 가장 오래된 포도주 재배법도 고대 중동지방, 즉 지금의 이란지역으로부터 8천 년 전에 시작되었다고 말한다.

고대 이집트 사람들은 무덤 안 벽에다 포도수확에 대한 기록을 남겼다. 와인 만드는 법과 와인 감정에 대한 유물들도 남겨두었는데, 투탕카멘 무덤에서는 와인 빈티지와 제조자의 이름이 적힌 라벨이 발견되었고 아주 좋은 품질이라는 코멘트를 받았다고 되어 있다. 놀라운 것은 이집트 파라오들이 내세에서도 와인을 마시려고 '내게 와인 18잔을 주오. 취하고 싶소. 내 속은 짚처럼 말라 있소.'라는 적어 놓은 글귀가 있었다는 것이다. 물론 와인 병들도 함께 묻혀 있었다. 당시 이집트인들이 마시던 와인은 거의 모두 레드 와인이었는데 종교적으로 피를 상징하기 때문이었을 것이다.

와인은 고대 그리스에서 소수의 지배자들을 위한 음료였다. 플라톤과 당시 시인들 사이에서 벌어졌던 학술적 모임(symposium) 같은 곳에서 음용되었다. 대단위의 양조 방식은 5천 년쯤 전부터 시작되었고 와인이 비로소 대중적인 음료가 된 것은 로마시대부터로, 로마라는 도시의 거의 모든 거리에 와인 바가 생겨났다고 한다. 로마인들은 와인과 와인 만드는 기술을 전 유럽에 수출했다. 이렇게 와인의 역사는 인류가 문명을 이루기 시작한 시점과 거의 일치하며, 최초의 알코올음료였다.

과학자들은 여러 갈래를 거친 후 대략 6~10만 년에 걸쳐 오늘날과 같은 인간의 모습을 갖춘 진화가 이루어졌다고 주장하는데, 백 년이라는 시간의 흐름도 실감하기 어려운데 그 정도의 시간을 느끼거나 이해하기는 더 어렵다. 지구는 태양의 주위를 시속 107,300킬로미터로 돌고 있는데 이것은 총알의 평균 속도보다도 40배나 빠른 것이다. 그런데도 지구의 움직임은 무한한 우주적 관점에서 보면 거의 보이지도 않을 뿐더러 미동도 하지 않는 것처럼 보인다. 우리가 속한 은하에만 2~4천억 개 정도의 별이 존재하며, 2017년 영국 노팅엄대학 크리스토퍼 콘셀리스 교수 팀의 국제학술지 천체물리학저널 최신호의 발표에 따르면 그런 은하가 2조 개도 넘는다고 한다. 그 안에 있는 우리 지구는 세상에 존재하는 작은 먼지 하나보다도 작다. 아인슈타인은 이렇게 말했다. "이 세상에 무한한 것은 두 가지뿐이다. 하나는 인간의 어리석음이고 다른 하나는 우주의 크기다. 그런데 나는 우주의 크기에 대해서는 자신이 없다."

우리가 속해 있는 은하에서 가장 가까운 은하는 안드로메다 성운(Andromeda Galaxy)인데 그곳까지의 거리는 250만 광년쯤 된다고 한다. 그 성운은 현재 시속 110만 킬로미터로 우리 은하를 향해 질주하고 있는데 50억 년 뒤에는 우리 은하와 섞일 것이라고 한다. 1광년이란 속도도 짐작하기 어려운데 몇 십억 광년은 상상하기조차 힘들다. 우주에는 우리 지구가 속해 있는 은하와 안드로메다 성운 말고도 수많은 은하들이 있는데 은하 하나를 한 알의 포도알이라고 가정한다면 은하는 포도송이처럼 군단을 이루고 있고 그런 은하군단이 지평선 끝까지 포도송이처럼 무한하게 펼쳐져 있다. 바로 거기까지가 현재까지 과학이 밝혀낸 사실이다. 우주는 지금도 팽창 중에 있다고 한다. 그래서 우리가 쓰고 있는 시간이라는 개념을 가지고 우주를 이해하는 것은 불가능하다.

시간을 이해하기 위해서는 시간의 본질에 대해 먼저 알아야 한다. 우선 시간은 절댓값을 가지고 있지 않다. 시간은 상대적이다. 예를 들면 나이가 들수록 시간이 빨라진다. 타임워치로 각각에게 1분이란 시간을 재어보게 한 결과, 젊은 사람들은 1분보다 일찍 스위치를 눌렀고, 나이가 든 사람들은 그보다 늦게 눌렀다. 내부의 속도가 나이가 들어갈수록 늦어지는 것이다. 늦어질수록 외부의 다른 것들이 상대적으로 빨라 보인다. 노벨생리의학상을 받은 알렉시스 카렐은 시간을 강물에 비교했다. 시간은 강물처럼 일정한 속도로 흐르는데 청년들은 강물보다 빠른 속도로 강둑을 달릴 수 있다. 그들에겐 시간이 뒤따라오는 것이다. 그러나 노년이 되면 몸이 쳐지고 인지능력도 떨어져서 강물의 속도보다 뒤처진다. 그래서 강물이 더 빠르게 흐르는 것처럼 느껴지는 것이다. 그래서 20대에는 시간이 시속 20킬로미터로 가고 60대에는 60킬로미터로 간다는 말도 나왔을 것이다.

그런데 시간은 언제부터 시작되었을까? 신을 믿는 어떤 사람들은 신이 창조한 순간부터 시작되었다고 믿는다. 1650년 제임스 어셔라는 사람은 기원전 4004년 10월 23일이 신이 모든 것을 창조한 날이라고 했다. 인류와 지구, 시간이 6천 년 전에 탄생했다는 것이다. 그가 얘기하는 6천 년은 그랜드 캐년의 15센티미터 두께의 바위 층에 존재하는 시간이었을 뿐이다. 지금까지 과학자들이 측정한 지구의 나이는 대략 46억 년이라고 알려져 있다.

사람들은 시간이 빨리 간다고 말하지만 그런 표현이 과연 맞는 걸까? 오고가는 시간이라는 것이 있을까? 기본적으로 시간은 존재하지 않는다는 것을 우리도 어렴풋이 알고 있다. 다만 우리의 삶은 연속적으로 지나가는 기억을 느끼게끔 신경학적으로 인식하게 되어 있다. 태어나고 나이가 드는 과정과 현상을 살아 있는 한 끊임없이 인식하는 것이다. 그러므로 시간이 존재한다는 우리의 결론은 인생을 살면서 얻은 무수한 경험과 함께 실제가 되는 것이다.

오는 시간이 없다면 가는 시간도 있을 리 없다. 다만 인류는 이 세상을 찰나같이 다녀가는 존재일 것이다. 우리가 살고 있는 지구별은 무한한 우주에서 보면 보이지도 않는 박테리아 같은 존재이다. 그러나 박테리아 세계에서도 시간과 우주는 존재한다. 하나의 원자에서 우주가 탄생했고 우주는 하나의 원자에 불과하다는 말이 알 듯 모를 듯 답답하기만 하다. 와인 한 잔을 놓고 시간에 대한 상념에 젖어본다.

INFO

시간에 대한 말들

- 시간은 착각이다. 앨버트 아인슈타인
- 시간은 두 거리 사이에서 가장 먼 것이다. 테네시 윌리엄스
- 달력에 속지 마라. 당신이 쓰기에 따라 날들이 존재한다. 어떤 사람은 일 년 동안 겨우 일주일의 값어치만을 쓰고 어떤 사람은 일주일을 일 년의 값어치만큼 만들어 쓴다. 찰스 리처드
- 사람들은 언제나 시간이 모든 것을 변하게 만든다고 얘기한다. 그러나 당신 자신이 시간을 변하게 해야 한다. 앤디 워홀
- 시간은 마음의 고통을 치유하지 못한다. 다만 그것들을 나가게 하는 법을 배워야 한다. 로이 T. 베넷
- 이제 어둠이 내렸고 나는 피곤하다. 당신을 사랑한다. 언제나. 시간은 아무것도 아니다. 오드리 니페네거
- 시간이 존재하는 오직 유일한 이유는 모든 것이 한꺼번에 일어나지 않게 해준다는 것이다. 앨버트 아인슈타인
- 어제는 과거일 뿐이고 내일은 미래일 뿐이다. 오늘이야말로 선물(gift)이다. 그래서 선물(present, 현재)이라고 부르는 것이다. 빌 키니
- 당신과 함께 있을 때 혹은 없을 때, 그것이 내가 시간을 가늠할 수 있는 유일한 방법이다. 호르헤 루이스 보르헤스

- 오후 3시는 언제나 무엇을 하기에 너무 늦거나 너무 이른 시간이다.

  장 폴 사르트르

- 시간은 귀중하지 않다. 왜냐하면 그것은 착시일 뿐이니까. 당신이 귀중하다고 인식하는 건 시간이 아니고 시간을 벗어나 있던 어떤 순간이다. 그것이 바로 '현재'다. 현재가 진짜 귀중한 것이다. 당신이 과거나 미래라는 시간에 집중할수록 당신은 더 많은 현재를 놓치고 있다. 가장 중요한 현재를 말이다. 에크하르트 톨레

- 시간을 원한다면, 만들어야만 한다. 시간은 결코 무슨 목적으로 찾을 수 없다. 찰스 벅스턴

- 오 분이면 인생 전체를 꿈꿀 수 있다. 시간은 그렇게 상대적이다.

  마리오 베네데티

보이는 것, 보이지 않는 것

Wine 캘리포니아 주의 동남쪽 사막에 아이밴파 드라이 레이크(Ivanpah Dry Lake)라는 지역이 있다. 레이크라고는 하지만 호수는 아니고 비구름이 지나가면서 쏟아져 내린 빗물이 넓고 평평한 지역에 한시적으로 고여 있는 것인데, 호수처럼 맑고 넓어서 레이크라고 불리는 것이다. 최근 이곳에 22

억 달러가 투입된 거대한 태양열 이용 시설인 클린 에너지(clean energy) 생산 시설이 설치되었다. 세계 최대 규모의 파워 타워(power tower) 3개를 설치하고, 지상에는 차고 문짝의 크기만한 거울 18만 개를 설치해 태양빛을 40층 높이의 보일러 탑으로 반사시키는 것이다. 탑 안의 물이 데워지면 데워진 물이 증기를 만들고 증기가 터빈을 작동시켜 캘리포니아와 그 주변의 주들로 보낼 전기를 만들어내는데, 현재 650기가와트(GW)를 생산해내고 있다. 척박한 산과 땅, 지평선만 보이는 사막의 한복판에 사열식을 하듯 모여 있는 태양열 판과 은빛 강철탑은 공상과학영화에서나 볼 수 있는 차가운 조형미를 보여준다.

그런데 사실 이곳은 하늘을 나는 새와 사막동물들에게는 화탕지옥이다. 성경이나 불경에 나오는 모습의 지옥은 아니지만 컴퓨터와 최첨단시설을 갖춘 현대적 모습의 지옥인 것이다. 이곳에서는 대략 2분마다 한 마리의 새가 불에 타서 추락한다. 태양반사 거울판에서 나오는 레이저같이 강한 광선이 근처를 날아다니는 새들의 깃털을 점화시켜 새들이 연기를 뿜으며 떨어지는 것이다. 밝은 빛에 작은 곤충들이 꼬이면 그런 곤충들을 잡아먹는 새들이 자연스럽게 모여들기 때문에 탑들이 새들을 유인하는 함정 역할을 하는 것이다. 정부의 전문가에 따르면 이것 때문에 죽음을 당하는 새가 일 년에 약 2만8천 마리에 이른다고 한다. 일반 새들뿐만 아니라 황금독수리, 매, 사막거북과 파충류까지도 클린 에너지 생산 때문에 죽어가는 것이다. 보이는 것 뒤에는 언제나 보이지 않는 것들이 있다.

한 잔의 와인은 바쁘게 달려가는 시간을 잠시 늦추게 해준다. 흉보다는 덕

담을, 정치 이야기보다는 여행 이야기를, 슬픔보다는 기쁨에 대해서 이야기 나누게 해준다. 그러나 풍요롭고 아름답게 반짝이는 한 잔의 와인에는 호세, 프란체스코, 마리아, 가르시아 등의 이름을 가진 멕시코 노동자들의 보이지 않는 수고와 애환이 담겨 있다. 포도 생산 지역을 포함해서 미국의 농업 현장에서 일하는 사람들은 거의 모두가 멕시코 사람들이다. 캘리포니아 주는 미국 전체 와인의 90퍼센트 정도를 생산할 뿐만 아니라 4백 가지 농작물을 생산해내는 세계 제일의 농업 생산 지역이다. 아몬드, 아티초크(artichoke), 대추, 피스타치오, 무화과(fig), 건포도, 복숭아, 마른 자두, 호두 등 30여 가지는 전 세계에서 가장 많은 양을 생산해내고 있고 농업의 경제 규모도 3천억 달러에 달해 미국 내 총생산의 5퍼센트를 차지한다. 고용시장의 규모도 미국 전체의 2퍼센트에 해당할 만큼 규모가 크다 보니 농장 노동자에 대한 수요는 언제나 절박한 상황이다.

캘리포니아 주에서 일하는 멕시코 농장 노동자들의 수는 대략 백만 명이 넘는데 그중 삼분의 일은 불법체류자로 추정된다. 농장 일은 일이 힘든 것에 비하면 임금이 턱없이 낮은 직종이지만 그 정도도 그들에게는 매우 큰 금액이라서 많은 멕시코 인들이 일자리를 찾아 목숨을 걸고 국경을 넘는다. 미국으로 밀입국하기 위해서는 전문 월경꾼들에게 7~8천 달러를 지불해야 하는데 가족과 친지들이 십시일반으로 그 비용을 마련해준다. 후불제도 있다고 하는데 외상으로 할 경우 전문 월경꾼들은 희망자의 부모와 가족을 먼저 만나두었다가 돈을 부치지 않았을 때는 그 가족을 살해하기도 한다. 하지만 국경을 넘어서 어느 특정 도시까지만 넘겨주는 것이지 그 이후의 일까지 책임

져주는 것은 아니다. 돈이 없어서 스스로 국경을 넘는 사람들은 약간의 마른 음식과 물 한 통을 가지고 국경수비대의 감시와 한낮 사막의 뜨거움을 피해 낮에는 자고 주로 밤시간을 이용해 일주일 정도를 걸어야 하는데, 무사히 월경에 성공할 확률은 매우 낮다. 게다가 운이 나쁘면 사막에서 길을 잃고 헤매다가 목숨을 잃기도 한다.

그럼에도 불구하고 과일과 채소가 익을 때면 불법체류자에 대한 의존도는 더욱 높아진다. 과일이나 채소 같은 밭작물은 제때 수확하지 않으면 곧 쓰레기로 변해 버리기 때문이다. 불법체류자들에 대해 미국인들은 대체로 싫어하는 그룹과 관대한 그룹으로 나뉜다. 보수적인 사람들은 불법체류자들이 자기들의 일자리를 빼앗고 있으며 자신들이 낸 세금이 불법체류자들의 치료와 그 아이들의 교육에 쓰인다고 불평한다. 하지만 농장주들은 밭에서 일하려고 하는 백인들은 아무도 없다고 말한다. 낮은 임금과 과도한 노동량, 어려운 환경 때문이다. 백인들은 물론이고 어느 누가 자기 아이들을 황량한 농촌에서 학교에 보내길 원한단 말인가? 불법체류자든 아니든 멕시코 인들이 아니면 그 거대한 땅에 농사를 지을 수 있는 사람은 없다. 그럼에도 불구하고 불법체류자들의 임금이나 혜택, 노동환경은 수십 년이 지나도록 별로 나아지지 않고 있다. 불법체류자들이 지속적으로 유입되기 때문이다. 2030년경에는 히스패닉(Hispanic, 스페인 언어를 쓰는 사람)이 미국 전체 인구의 20퍼센트를 차지하게 될 것이라고 예상될 만큼 그들의 인구는 미국 내에서 가장 빠르게 증가하고 있다.

멕시코 인들에게는 캘리포니아를 비롯한 미국 남서부의 모습은 낯설지가 않다. 그들의 선조가 대대로 살아왔던 땅이기 때문이다. 스페인으로부터 3백 년간의 식민 지배를 받는 동안 그들의 언어와 문화와 종교는 스페인 식으로 완전히 바뀌었다. 로스앤젤레스(Los Angeles), 라스베이거스(Las Vegas), 샌디에이고(San Diego), 샌프란시스코(San Francisco), 산타마리아(Santa Maria), 산호세(San Jose), 산타페(Santa Fe) 같은 도시의 이름은 모두 스페인어에서 온 것인데, 아직도 미국 서부의 60퍼센트가 넘는 지명이 스페인 말로 되어 있다. 여유, 낭만, 기쁨, 덕담, 음식, 예술 등과 함께 늘 등장하고 행복하게만 보이는 한 잔의 와인 뒤에는 보이지 않는 멕시코 노동자들의 힘든 삶이 녹아 있는 것이다.

INFO

멕시코는

약 2백만 평방킬로미터로 한반도의 9배에 달하며 인구는 1억2천 명에 달한다. 멕시코는 1519년 스페인의 코르테스 장군이 250명의 군사를 거느리고 도착한 뒤로 커다란 운명의 변화를 겪게 된다. 총과 말, 천연두를 가지고 온 에스파냐(스페인)군은 순식간에 멕시코와 중남미를 정복했다. 금과 여러 가지 광물질을 싹쓸이하면서 장구한 세월에 걸쳐 유지되어온 아즈텍과 잉카의 문명과 문화를 몰살시켜 버린 것이다. 아즈텍의 피라미드는 돌무더기로 변했고 거기서 나온 돌들은 본국으로 보내져 그들의 궁과 성전을 짓는 석재로 쓰였다. 당시 1,200만에서 2,500만이었을 것으로 추정되는 멕시코 인들의 인구는 3백만 명 이하로 떨어졌으며, 9백만이었던 잉카의 페루 인구는 140만 명 이하로 떨어졌다.

스페인과의 혼합을 통해 인구는 점차 늘어났고 그래서 멕시코에는 원주민 인디오 엄마와 침략자인 스페인 아버지 사이에서 생겨난 독특한 혼혈, 혼합문화가 있다. 검은 머리에 구리색 피부를 가진 과달루페의 성녀(La Virgen De Guadalupe)가 바로 그것이다. 멕시코는 사실 계급사회라고 말할 수 있다. 멕시코 인들은 스페인의 피가 조금만 섞여 있어도 스스로를 매우 자랑스러워한다. 실제로 멕시코의 고급 정치인, 상류사회의 구성원,

가수, 배우 등 유명인들은 모두 스페인의 피를 많이 혹은 일부 가진 사람들이다.

멕시코는 3백 년 동안이나 스페인의 식민 지배를 받았기 때문에 그들의 문자나 언어가 없고 지금도 스페인의 것을 그대로 쓰고 있다. 종교도, 건축도, 음식도, 풍습도 모두 스페인의 영향을 받은 것이다. 1821년, 약해진 스페인을 뒤집어엎고 마침내 독립을 얻었으나 정치적으로 통합되어 있지 않았고, 부패하고 무능했던 멕시코는 국토 확장의 야망이 있었던 미국과의 전쟁(1846~1848)에서 패하면서 지금의 캘리포니아와 텍사스, 뉴멕시코, 유타, 네바다, 와이오밍의 일부, 오클라호마, 애리조나, 서부 콜로라도 등 미국 남서부 지역의 대부분을 전쟁보상금과 함께 1,500만 달러를 받고 양도했다. 그때 맺은 조약이 과달루페 이달고 조약(Treaty of Guadalupe Hidalgo)이다. 당시 멕시코는 전 국토의 삼분의 일에 해당하는 면적을 내준 것이었고, 오늘날 미국 전체 면적의 삼분의 일에 해당하는 크기였다. 미국 영토가 되자마자 며칠도 지나지 않아 캘리포니아의 시에라 산맥에서 처음으로 금광이 발견되었고 그것이 서부개척의 신호탄이 되었다.

외계인과 포트 와인

대한민국 면적의 세 배 정도 크기인 미국의 네바다(Nevada) 주는 땅의 거의 대부분이 사막과 척박한 산맥으로 이루어져 있고, 전체 면적의 약 85퍼센트가 정부 소유이다. 네바다 주에는 사막이라는 지역적 특성상 여러 개의 정부 비밀시설이 있는데 그중 세상 사람들에게 잘 알려진 곳은 51구역(Area 51)이다. 라스베이거스 북쪽 160킬로미터에 자리 잡고 있는 이곳이 정확히 무엇을 하는 곳인지는 알려져 있지 않아 소문만 무성했는데, 사람들은 이곳에서 외계인에 대한 연구가 이루어지고 있다고 믿고 있었다. 그러다가 마침내 미국중앙정보부(CIA)에서 그곳에 정부시설물이 존재한다는 사실을 확인시켜주는 짧은 성명을 발표했다. 최근에는 미국을 비롯한 10개국에서 온 40명의 UFO 목격자들과 미국의 영향력 있는 과학자들, 미국연방항공국 사람들과 연방하원들이 워싱턴 디시에 모여서 더 이상 부인할 수 없는 외계인들의 존재에 대한 연구를 공개적으로 수행하도록, 그리고 그에 따른 예산을 배정하도록 연방정부에 촉

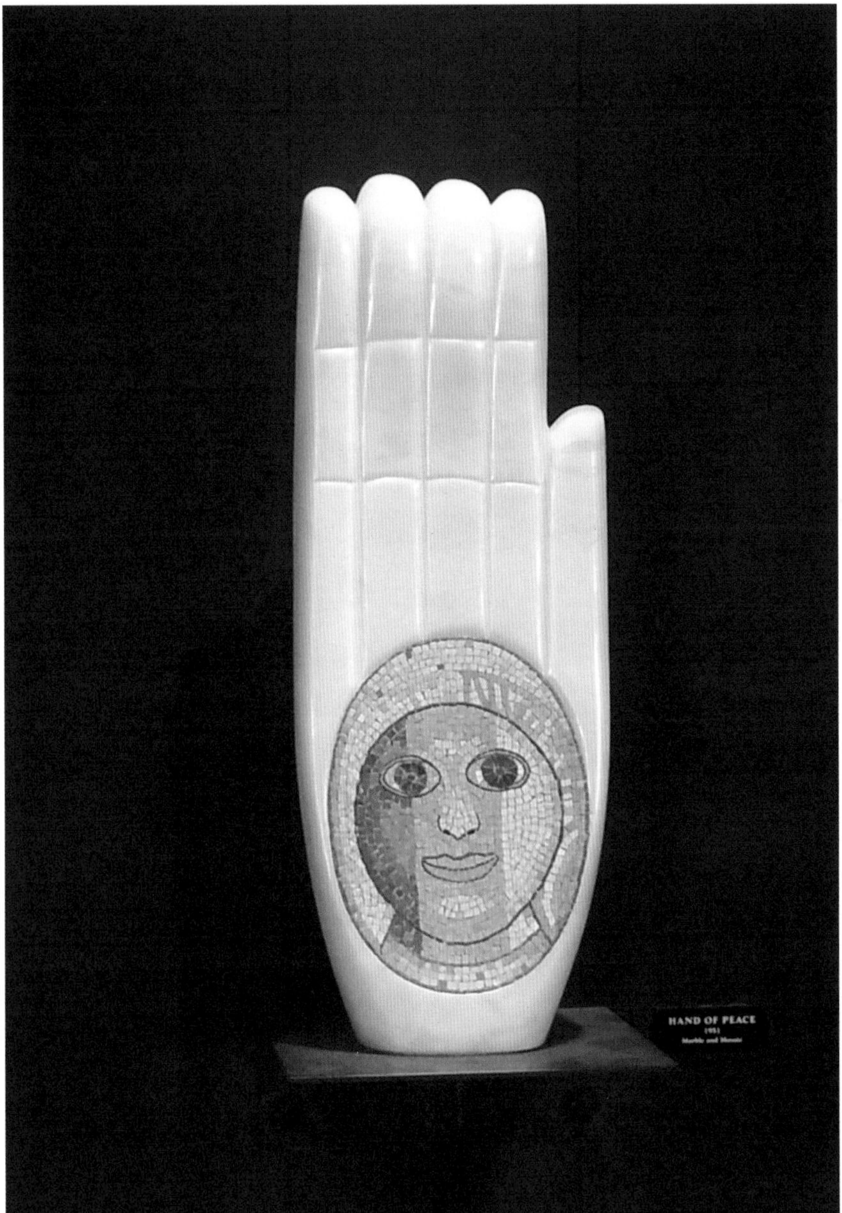
HAND OF PEACE

구하는 모임도 열었다. 지난번 미국의 대선주자였던 힐러리 클린턴의 공약 중 하나가 외계인과 UFO에 대한 모든 자료를 공개하겠다는 것일 정도로 이 지역은 미국 국민들의 관심이 높은 곳이다.

2014년 10월, 보이드 부시맨(Boyd Bushman)이라는 과학자는 죽기 일 년 전에 51구역에서 근무했던 동료 과학자들에게 전해들은 여러 가지 이야기를 털어놓았고, 그 인터뷰 동영상이 유튜브를 통해 알려졌다. 그의 말에 의하면 51구역에는 현재 최소한 18명의 외계인들이 거주하고 있으며 그중 한둘은 사람으로 치면 230살이 넘었다고 한다. 키가 대략 150센티미터 내외이며 머리와 눈이 크고, 섬세하고 긴 다섯 개의 손가락과 발가락을 가진 그들의 사진도 공개했다. 사람들이 그려왔던 외계인이나 그들의 우주선의 모습이 오래 전 옛날이나 지금이나 거의 비슷한 모습으로 묘사되는 것을 보면 그들이 매우 오래 전부터 지구를 다녀갔다는 뜻이 될 수도 있다. 그들이 살고 있는 곳은 퀸토니아라는 별인데 지구에서 68광년쯤 떨어져 있으며 그들의 우주선으로 그곳까지 가는 데는 중력의 파장을 이용하기 때문에 45분이 걸린다고 한다. 그들과는 텔레파시로 교신했는데 사람이 의문을 품는 즉시 질문자의 내면으로 답이 주어져 자기 입을 통해 스스로 답변하게 된다는 것이다. 그의 말이 아니더라도 우주인(astronauts)들이나 비행기 조종사, 항공 관계 종사자들은 끊임없이 UFO의 실존에 대해 말해왔다.

51구역을 운영하기 위해서는 많은 수의 민간인 종사자들이 필요한데 이곳은 자동차로 두 시간 걸리는 사막의 외딴 곳에 위치해 있기 때문에 연방정부에서는 라스베이거스에 거주하는 근무자들을 위해 아침저녁으로 라스베이거스 시내에 있는 매캐런국제공항에서부터 비행기로 출퇴근을 시켜준다. 이 비행기는 아무런 표식도 없이 흰색으로만 되어 있고, 공식적인 이름도 가지고 있지 않아서 공항관계자들은 그 비행기를 그저 여성의 이름인 자넷(Janet)이라고 부른다.

오래 전부터 이곳을 방문했을지도 모를 외계인들이 남긴 지금까지의 행적을 보면 그들은 우리와 우리 세계를 관찰하고 있는 것이지 영화나 만화에 나오는 것처럼 지구를 침탈하려는 것으로 보이지는 않는다. 만약 그들의 존재가 사실이라면 인간보다 훨씬 발달한 과학을 가지고 있는 것이 분명한데 그럼에도 불구하고 사람들이 얘기하는 몇 건의 예외적인 사건을 제외하고는 인간들에게 특별히 공격적인 모습을 보이는 것 같지는 않다. 다만 우리보다 의식이 월등히 높은 존재라는 것만은 틀림없는 것 같다.

인간의 역사를 보면 수만 년 전에 오늘날과 같은 인류의 모습을 갖춘 이래 끊임없이 전쟁을 벌여왔다. 지난 3,400년 동안 평화로웠던 기간은 단지 268년뿐이었다. 기록이 시작된 이래 전쟁으로 사망한 사람의 수는 1억5천만 명에서 10억 명 사이로 집계되었다. 2016년 12월 31일 현재, 전 세계 67개 나라에서 745개의 전쟁이 벌어지고 있는데, 대부분 종교가 직간접적인 원인이다. 내 것만 옳다는 독선과 무지와 편견, 무조건적 국수주의, 이성적이지 못한 믿음 때문이다. 인류 역사상 종교적인 이유로 죽음이나 고통을 당하는 일은 다른 원인에서 비롯된 것보다 절대적으로 많다. 그래서 무기나 전쟁도구가 무엇보다 발달되어 있다. 이쯤 되면 과연 인간에게 종교가 필요한 것인지 묻지 않을 수 없다. 사람은 이성과 지성을 가지고 있다고는 하지만 기본적으로는 동물의 한 종(種)이며 자주 비이성적이고 무자비해서 다른 어떤 동물들보다도 훨씬 잔인하고 저급할 때가 많다.

외계인이 정말로 존재한다면 그들에게도 종교가 있을지 정말 궁금하다. 음악은 있을까? 정치는 어떤 식으로 할까? 운동경기 같은 것도 있을까? 그들도 생물체이니 희로애락이 있을 것이다. 나에게 그들을 만날 기회가 있다면 그들이 무엇을 먹고 마시는지도 물어보고 싶다.

만약 그들도 와인을 마신다면 포르투갈 산 포트 한 잔을 제공해보면 어떨까? 포트는 포르투갈이 원산지로 주정이 강화된 와인인데 매우 달고 풍부하며 입안에서의 느낌이 무겁고 알코올 도수가 높은 와인이다. 영국은 오래 전부터 프랑스 와인의 최대수입국이자 열렬한 팬이었는데 백년전쟁 이후로는 영국인들이 더 이상 프랑스의 보르도 와인을 구할 수가 없었다. 그 대안으로 포르투갈 와인을 수입하려고 했지만 당시 포르투갈의 레드 와인은 구조가 약해서 항해하는 동안 품질이 늘 변해 버렸다. 결국 오랜 시도와 실패 끝에 그들은 와인의 구조를 강하게 하기 위해 브랜디(brandy)를 첨가하는 방법을 생각해냈고 항구에서 와인 통을 선적하기 전에 브랜디를 첨가했다. 오늘날 포트와인의 포트라는 이름은 항구, 즉 포르투갈어로 항구를 뜻하는 porto에서 유래된 것이다. 포트는 와인을 쉽게 구할 수 없었던 그 당시 상황에서 해결책으로 만들어진 영국인들을 위한 와인이었다.

포트의 달고 향기로운 맛에 반해서 조금씩 마시다 보면 금세 취기가 오른다. 발효 중인 와인에 알코올을 첨가해서 발효를 중지시키기 때문에 당분이 미처 알코올로 변하지 못하고 남아 있게 된다. 그래서 단맛이 더 많이 나고 알코올 도수는 보통 20도 전후가 된다. 포트는 보통 디저트 와인으로 제공되지만 유럽에서는 특별히 형식에 구애받지 않고 식후주로도 자주 애용된다.

포트용 포도의 종류는 52가지나 되지만 가장 많이 쓰이는 것은 크게 다섯 가지다. 투리가 프란차(Touriga Franca), 투리가 나시오날(Touriga Nacional), 띤따 호리스(Tinta Roriz = aka Tempranillo), 띤따 바호카(Tinta Barroca), 그리고 띤따 차오(Tinta Cão)이다. 각각의 맛과 향은 조금씩 다르지만 모두 알이 작고 매우 집중된 과일의 맛을 가지고 있어서 오랫동안 여운이 남는다. 오래 숙성시키기 좋은 포도들이기 때문에 장기보관이 가능한 와인이 된다. 포트도 일반 와인처럼 차고 어둡고 온도가 일정한 곳에 보관되어야 한다. 마개가 코르크로 되어 있다면 눕혀서 보관해야 하고 비틀어서 여는 방식이라면 세워서 보관한다. 포트를 비롯해 단맛이 강한 와인은 가을밤 같은 차가움으로 마셔야 한다. 그렇지 않으면 자칫 천박하게 느껴진다.

만약 외계인이 달콤하고 잘 익은 과일의 향이 진동하는, 알코올 도수가 높은 포트를 한 잔 마신다면 어떤 반응을 보일지 궁금하다. 취할까? 긴장이 풀어지고 분위기가 좋아진다면 그들이 인간에 대해 어떤 의견을 가지고 있는지 들어보고 싶다. 사람들의 끝없는 탐욕에 대해 어떻게 생각하고 있는지, 인간들의 미래를 어떻게 보고 있는지, 지구별의 운명은 어디까지라고 생각하는지 …….
그들이라고 해서 특별히 뾰족한 해답을 가지고 있을 것 같지는 않다.

INFO

포트의 원산지 포르투갈에 대한 몇 가지 사실들

아직도 전 세계 코르크(cork)의 70퍼센트를 생산해내는 포르투갈은 15, 16세기에는 세계에서 가장 강력한 일등 해양강국이었다. 1999년 마카오를 중국에 인도할 때까지 6백 년을 이어온, 근대 유럽국가들 중에서는 제일 오래된 제국이었으며 한때 전 세계에 53개나 되는 식민지를 건설했던 나라였다.

1480년, 교황은 아프리카 기니(Guinea)와 보자르도곶(Cape Bojardo) 남쪽의 땅은 모두 소유권이 포르투갈에 있다고 판결했다. 당시에는 포르투갈이 아프리카 최남단의 희망봉 루트를 발견하면서 막대한 해상 장악력을 보유하고 있었기 때문이다. 그런데 1492년 콜럼버스의 신대륙 발견으로 스페인과 포르투갈 사이에 영토분쟁이 발생했다. 콜럼버스의 신대륙 발견은 에스파냐(스페인) 아라곤 왕국의 이사벨 여왕과의 계약과 후원에 힘입어 이루어진 것이었기 때문이다. 포르투갈의 후앙2세는 아프리카 서쪽 끝 앞바다에서 약 480킬로미터 떨어진 곳을 기준으로 서쪽은 스페인령, 동쪽은 포르투갈령으로 구분하도록 했던 교황의 결정에 불만을 가지고 강력하게 항의했다. 그 결과 1494년 스페인의 작은 마을인 토르데시야스(Tordesillas)를 기준으로 남북으로 직선을 그어 새롭게 교황자오선이라는 분계선을 만들어 서쪽 신발견지는 스페인의 영토로, 동쪽 신발견지는 포르투갈 영토로 하는 토르데시야스 조약을 다시 체결했다. 이로써 포르투갈의 영토에 아프리카와 아시아가 포함되었고 브라질이 포르투갈의 영토가 되어 브라질이 라틴아메리카에서는 유일하게 포르투갈어를 사용하는 나라가 된 것이다. 포르투갈어는 지금도 전 세계에서 2억4천만 명이 사용하고 있어서 중국을 제외하고는 다섯 번째로 많이 쓰이는 언어다.

1775년, 유럽 역사상 가장 큰 지진이 전 세계에서 매우 오래된 도시의 하나인 리스본(Lisbon)을 강타했다. 강도 9의 지진이었다. 지진과 함께 쓰나미가 밀어닥쳤고 대규모 화재까지 발생했다. 결국 275,000명이 목숨을 잃었고 85퍼센트의 빌딩이 무너졌다. 그날은 가톨릭의 큰 명절 중의 하나인 만성절(All Saints Day)이었고 교회마다 수많은 촛불이 켜져 있었다. 그 이후 포르투갈은 오늘날까지 복구되지 못했다.

1822년, 가장 크고 풍요로운 식민지였던 브라질이 독립했고 1975년 앙골라 모잠비크 등 아프리카 식민지들이 독립하면서 포르투갈은 힘과 위상을 거의 잃어버리고 쇠락의 길로 접어들었다. 1974년 당시 좌익이었던 군부는 민주주의적 개혁을 추진했으며, 2002년에는 동티모르의 주권을 인정했다. 영토의 면적은 대한민국의 90퍼센트 정도이며, 인구는 천백만 명에 이른다. 봄, 여름, 가을은 맑고 건조하며 겨울에만 비가 내리는 지중해성 기후를 가지고 있다.

입맛과 무상예찬(無常禮讚)

Wine 캘리포니아의 로버트 하그전 씨는 매년 그의 작은 와이너리에서 만든 가장 훌륭한 와인만을 골라서 여러 대회에 출품해왔다. 그러나 같은 와인도 대회마다 결과가 너무 달라서 놀라움을 금할 수가 없었다. 통계학이 전문 분야였던 그는 그런 결과가 나타난 이유가 궁금해서 북미주 지

역에서 가장 오래된 캘리포니아 스테이트 페어(California State Fair) 와인대회의 심사위원들을 대상으로 와인 심사에 관한 실험을 실시했다. 네 명의 심사위원들에게 와인을 제공하면서 어떤 잔에는 시간의 차이를 두고 세 번이나 같은 와인을 제공하기도 했다. 와인에 대한 사람들의 품평과 판단이 과연 과학적으로 타당한가에 대한 결과를 보기 위한 실험이었다.

2005년부터 시작한 그의 실험은 와인업계에 큰 충격을 주었다. 훈련되고 전문적인 입맛을 가졌다는 와인 전문가들의 평가조차 엉터리였다는 것이 지속적으로 밝혀졌기 때문이다. 그들은 아마추어가 아니었다. 미국 와인산업계의 거장이자 품평가였고 컨설팅위원들이었고 학계에서도 이름난 사람들이었다. 심사위원들 중 10퍼센트는 지속적으로 동일한 평가를 했지만 그 지속성도 일 년을 넘어가지 않았다. 결국 대회에서 상을 받는다는 것은 재수에 가깝다는 결론을 내렸다.

사 년 동안 와인 경제저널에 발표된 그의 실험결과를 보면, 심사위원들은 보통 같은 와인을 세 번 시음했을 때 위아래로 사 점 정도의 차이를 보였다. 예를 들어 어떤 와인에 처음에는 84점을 줬다면 다음에는 80점, 그리고 몇 분 후에는 다시 88점을 주는 식이었다. 그나마 좀 나은 심사위원도 있었지만 어떤 심사위원들은 그보다 훨씬 더 나빴다. 작은 점수 차이가 뭐 그리 대단하냐고 말할 수도 있지만 그 차이 때문에 금메달을 받을 수도 있고 못 받을 수도 있다면 그 차이는 큰 의미를 갖게 된다. 소비자들을 대상으로 한 판매량에서 점수는 매우 큰 영향을 미치기 때문이다.

2001년 프랑스의 프레데릭 브로쉐라는 학자가 라벨효과에 대한 실험을 했다. 57명의 자원자들에게 일주일 간격으로 두 가지 다른 와인을 제공했다. 하나는 값이 싼 보르도의 일반 와인이었고 또 다른 하나는 보르도 최상급 그랑 크뤼급이었다. 그러나 사실은 중간 등급의 와인을 두 개의 다른 가짜 병에 넣었던 것이다. 최상급 와인을 맛본 실험자들의 의견은 긍정적이었다. 복합적이고 균형 잡혀 있으며 여운이 오래 남고 나무의 향 등이 느껴졌다고 평가했다. 그러나 값이 싼 와인을 맛보았을 때는 약하다, 가볍다, 평범하다 등의 부정적인 표현들이 나왔다.

그의 다른 실험은 충격적이었다. 54명의 와인 전문가들에게 두 잔의 와인을 평가해 달라고 요청했다. 레드 와인과 화이트 와인이었다. 심사위원들은 레드 와인을 과일 맛이 풍부해 잼 같고 붉은 과일을 으깼을 때의 맛이 난다고 표현했고, 화이트 와인은 레몬이나 파인애플 혹은 자몽처럼 신과일의 맛이 많이 난다고 품평했다. 그러나 두 잔은 모두 같은 화이트 와인이었고 다만 한 개의 잔에는 맛에 아무 영향도 주지 않는 붉은색을 넣었을 뿐이었다.

그렇다면 왜 보통 사람들은 물론이고 전문가들의 테이스팅 결과도 그렇게 믿을 만하지 못한 것일까? 사람들이 와인이 가지고 있는 화학적인 근원보다는 각자의 두뇌가 가지고 있는 특별한 해석 때문에 혼동을 느끼는 것 같다. 블라인드 테이스팅을 해보면 싸구려 와인이라고 불리는 것들이 오히려 더 높은 점수를 받는 경우가 종종 있다. 그러나 브랜드와 값을 알고 난 뒤에 품평을 하면 대개 값이나 유명도의 순서대로 점수가 나오는 경우가 많다. 우리는 와인을 눈과 마음으로 마시고 있는 것은 아닌가?

와인을 품평할 때는 실로 다양한 요소들의 영향을 받는다. 특히 온도의 영향은 매우 크다. 와인을 마실 때 적당한 온도는 생각보다 중요하다. 차지 않게 마시면 맛과 향이 더 빠르게 사라지고, 너무 차게 마시면 냉기 때문에 텁텁하고 찬 느낌이 지배적이며 오크의 맛만 느껴지기 쉽다. 레드 와인은 미지근하게 마셨을 때 취기가 더 많이 느껴지고, 오랫동안 밖에 나와 있던 김치처럼 산뜻한 맛과 향이 느껴지지 않는다. 환경적인 요인도 무시할 수 없다. 전문가의 입맛은 그날 무엇을 먹었는지, 하루의 어느 때인지, 피곤하지는 않은지, 건강상태는 물론이고 심지어 그날의 날씨와도 상관이 있다. 아침에 부부싸움을 하고 나왔거나 기분 나쁜 일이 있었을 때, 또는 누구와 함께 마셨느냐에 따라서도 입맛이 달라진다. 그리고 그런 것들은 영원히 해결할 수 없는 문제이기도 하다.

사람의 입맛은 물론이고 이 세상에 영원한 것이란 아무것도 없다. 우주도 시간도 천국이나 지옥도 영원하지 않다. 우리의 육신도 하늘의 구름처럼 여러 원소들이 인연에 따라 잠시 조합된 것일 뿐, 때가 되면 반드시 흩어지고 마는 일시적인 조합체인 것이다. 사람들은 누가 가르쳐주지 않아도 영원한 것은 아무것도 없다는 것을 본능적으로 알고 있기에 영원히 살 수 있다는 하늘나라를 강박적으로 믿어온 것이다. 아무것도 영원하지 않다는 것은 믿음이나 신앙의 문제가 아니라 자연과학적 증명일 뿐이다.

영원하지 않다는 것을 한자로는 무상(無常)이라고 한다. 그런데 아무것도 영원하지 않다는 그 진리가 우리를 슬프게 한다. 사랑하는 사람도 언젠가는 떠나가고 우정이나 의리처럼 영원히 변하지 않을 것 같은 관계도 하찮은 이유로 쉽게 변해 버리고 만다. 늘 건강했던 사람이 갑자기 병에 걸려 죽기도 한다. 물질이나 지위나 권력은 말할 것도 없고 사랑이나 슬픔, 행복도 예외 없이 흘러가 버리고 상황은 언제나 잔물결 치듯 바뀐다. 좋은 것은 영원하기를 갈구하지만 영원한 것은 아무것도 없기에 무상은 우리를 고통스럽게 한다.

그런데 우리는 왜 아름다운 붉은 노을이 꺼져갈 때나 꽃이 시들어갈 때, 사랑하는 자녀들이 어른이 되고 가정을 이루고 나이가 들어가는 것에 슬퍼하지 않는 것일까? 그 어떤 것도 영원하지 않다는 것을 무의식중에나마 알고 있기 때문이다. 우리도 언젠가는 죽는다는 것을 알기에 다른 죽음의 슬픔 앞에서 오래 머무르지 않는 것이다. 무상이 없으면 세상이나 우주가 성립될 수 없고 과거와 미래도 존재할 수 없다. 삶은 무상하기 때문에 오히려 가치가 있다. 무상하기 때문에, 모든 것은 변한다는 것을 알기 때문에, 목표를 설정하고 노력하며 살아가고 있는 것이다. 삶이 무상하기 때문에 의미가 있다면, 무상을 오히려 예찬해야 하지 않을까.

WINE

바디와 점수

파리의 심판과 김치

와인 아카데미상 시상식

풀 바디, 미디엄 바디, 라이트 바디

로버트 파커, 맛의 신?

미국 최초의 와인전문가 토머스 제퍼슨

와인에 대해 가장 중요한 이야기

파리의 심판과 김치

Wine 1976년 5월 24일, 미국의 나파 밸리 와인과 프랑스 와인의 블라인드 테이스팅 대회가 영국의 와인상인 스티븐 스퍼리어(Steven Spurrier)의 주관으로 열렸다. 그가 운영하던 파리와인아카데미로 와인을 공부하러 온 미국인들이 나파 밸리의 와인을 가져오곤 했는데 당시 기술이나 품질에서 아직 초보 수

준인 미국 와인들이 우수하다고 느낀 스티븐은 같은 품종으로 만든 프랑스 와인과의 맞대결을 1976년 미국 독립 200주년을 기념해 개최했던 것이다.

심사위원은 프랑스 파리 최고급 레스토랑의 소믈리에, 유명한 와이너리의 소유주, 프랑스 와인 리뷰(The French Wine Review)의 편집자 오데테 칸 등 당시 프랑스 최고의 권위자 9명으로 구성되었고, 20점 만점제였다. 심사는 일반적인 방식과는 다르게 각 분야별로 세분하지 않고 심사위원들이 스스로 자신의 느낌대로 자유롭게 점수를 주는 방식으로 진행되었다. 화이트 와인에서는 샤도네이 품종으로 만든 나파 밸리산 여섯 가지와 프랑스산 네 가지, 레드 와인에서는 카베르네 소비뇽이 주품종인 나파 밸리의 여섯 가지와 프랑스 보르도의 최고급 네 가지가 출품되었다. 대회를 개최한 스티븐도 다른 심사위원들과 마찬가지로 미국 와인이 프랑스 와인을 이길 것이라고는 예상치 못했다.

결과는 놀라웠다. 화이트 와인에서는 나파 밸리의 '73년산 샤토 몬텔레나(Chateau Montelena)가 일등을 차지했고, 레드 와인에서도 나파 밸리의 스택스 립 와인 셀라의 '73년산이 일등을 차지했던 것이다. 당시 3년 된 포도나무에서 처음 만든 와인이었다. 이 대결의 결과는 당시 타임지의 프랑스 특파원인 영국인 조지 테이버에 의해 전 세계로 타전되었다. 그도 미국 와인이 이길 것이라고는 예상치 못했다고 한다. 당시의 뉴스 헤드라인은 '파리에서 총소리가 울리다'였고, 사람들은 그 사건을 '파리의 심판(The Judgment of Paris)'이라고 불렀다.

프랑스 와인업계의 대표자들은 분노했다. 절대 하수로부터 뜻밖의 강력한 펀치를 맞은 셈이다. 그것은 위대한 프랑스 와인에 대한 하극상이자 도전이었고, 세상 사람들에게 프랑스 와인만이 세계에서 가장 훌륭한 와인이 아니라는 것을 깨닫게 해준 사건이었다. 프랑스 와인협회는 그 대회를 주관한 스티븐을 일 년 동안 모든 와인행사의 초대자 명단에서 제외시켰다. 또 프랑스의 권위 있는 일간지인 르 피가로(Le Pigaro)지와 르 몽드(Le Monde)지에서는 이 사건 자체를 아예 보도조차 하지 않았다. 그리고 몇 개월이 지난 뒤에야 두 신문 모두가 그저 웃고 넘길 만한 사건이었다고 가볍게 보도하고 넘어갔다.

1976년 시음대회에서 패배를 당했던 프랑스인들은 나파 밸리 와인의 우수성은 인정했지만 미국 와인은 역사가 짧아서 제대로 숙성이 된 와인을 만들어본 경험도 없는 반면에 프랑스 와인은 세월이 흐를수록 원숙하고 훌륭해진다는 주장을 꾸준히 제기해왔다. 많은 전문가들도 그들의 주장이 타당하다고 생각했다. 그래서 그들의 강변이 사실인지 아닌지를 확인하기 위해, 그리고 프랑스 와인의 명예를 되찾을 수 있는 기회를 주기 위해 그 당시에 사용되었던 것과 똑같은 와인으로 다시 2차 대회를 열었다. 이번에는 캘리포니아의 나파 밸리에 있는 코피아센터와 영국 런던에서 가장 오래된 와인 숍 두 곳에서 동시에 미국, 영국, 프랑스의 와인전문가들을 선정해서 처음 대회가 열린 날로부터 정확히 30년이 지난 2006년 5월 24일에 진행되었다.

전 세계 와인 애호가들이 지켜보는 가운데 나온 결과는 더욱 충격적이었다. 캘리포니아의 71년산 릿지 몬테 벨로(Ridge Monte Bello)의 카베르네 소비뇽이 1

등을 차지했던 것이다. 게다가 2등에서 5등까지도 모조리 나파 밸리의 와인들이 휩쓸어 버렸다. 프랑스에서 아니, 전 세계에서 숭배 받던 위대한 보르도 와인들은 6등에서 9등을 차지했다. 그리고 10등은 다시 나파 밸리 와인이 차지함으로써 '캘리포니아 와인은 미숙하다.'고 부르짖었던 프랑스인들의 입을 틀어막았고 그들의 자존심에 커다란 상처를 주었다. 이 사건으로 미국의 나파 밸리 와인은 수억 달러의 선전비를 들이지 않고도 화려하고 당당하게 국제무대에 등장할 수 있었다. 나파의 와인들은 그 뒤에 열린 여러 다른 기관의 블라인드 테이스팅 대회에서도 프랑스 와인보다 우월하다는 것을 여러 차례 입증했다. 세계적으로 매우 흥미로운 사건이기는 했지만 그렇다고 해서 미국 와인이 프랑스 와인보다 무조건 더 우수하다고 말할 수는 없다.

프랑스가 와인의 종주국이라면 한국은 김치의 종주국이다. 만일 블라인드 테이스팅으로 한국에서 제일 맛있는 김치 몇 가지와 미국에서 만든 제일 맛있다는 김치의 맞대결을 펼친다면 어떤 결과가 나올까? 농사짓기에 천혜의 조건을 갖추고 있는 캘리포니아에서 생산되는 배추는 최상급이다. 크고 달고 싱싱한데다 씹히는 질감까지 좋다. 배추만이 아니라 상추, 고추, 파, 마늘, 양파 등 김치에 들어가는 온갖 재료들의 품질이 모두 세계 최고다. 완벽한 기후와 토양 조건을 갖추고 있기 때문이다. 모든 음식은 재료가 가장 중요하다는 것은 두말할 필요가 없다. 그 때문에 캘리포니아산 김치와 한국산 김치가 맞대결을 펼쳤을 때 캘리포니아산 김치가 일등을 차지할 수도 있다는 상상은 어렵지 않게 할 수 있다. 하지만 미국의 김치가 결코 따라올 수 없는 것이 있다. 바로 한국의 김치만이 가지고 있는 다양함, 지방마다 다른 김치의 특성, 그리고 역사와 문화와 자긍심이다. 한국은 거의 모든 지방에서 자기들만의 특색 있는 김치를 만들어왔고 조상 대대로 이어온 숨결을 지니고 있다. 미국에서 아무리 김치를 잘 만들어낸다 해도 한국의 김치가 가지고 있는 역사와 콘텐츠는 따라갈 수가 없다. 미국과 프랑스의 와인 대회도 마찬가지다.

미국 와인의 우수성을 다시 한 번 입증한 나파 밸리의 와인들에게 큰 박수를 보내며 훌륭한 와인을 만들기 위한 미국인들의 인내와 과학적인 접근방식에 경의를 표한다. 그리고 2천 년 이상의 역사를 통해 훌륭한 와인을 빚어온 프랑스 와인에도 변치 않는 애정과 존경을 보낸다. 그 대회에서 캘리포니아 와인에게 상위를 모두 내주었지만 프랑스 와인만이 가지고 있는 다양함과 역사, 그리고 문화적 가치는 캘리포니아가 매우 오랫동안 따라갈 수 없는 것이다.

일등과 이등의 맛의 차이는 과연 얼마나 될까? 그 차이는 사실 미미하며 각자의 입맛에 따라 다를 수도 있다. 실제로 당시 심사위원들이 매긴 일 등부터 십 등까지의 점수도 매우 근소한 차이밖에 나지 않았다. 조금이라도 더 맛있는 김치를 먹어서 행복한 것이 아니라 김치가 있어서 행복한 것처럼 어느 와인이 조금 더 맛있느냐를 따지는 것은 흥미롭긴 하지만 중요한 일은 아니다. 와인은 그저 우리 인생을 보다 풍요롭게 해주는 하나의 음식일 뿐이기 때문이다.

INFO

1976년 파리의 심판 시음대회 결과표

1976년 파리의 심판 시음대회 결과표

- USA Stag's Leap Wine Cellars 1973
- France Montrose 1970
- France Mouton 1970
- France Haut Brion 1970
- USA Ridge Monte Bello 1971
- USA Heitz Martha's 1970
- France Leoville-las-cases 1971
- USA Freemark Abbey 1969
- USA Mayacamas 1971
- USA Clos du Val 1972

2006년 30주년 기념 시음대회 결과표

- USA – Ridge Vineyards Monte Bello 1971
- USA – Stag's Leap Wine Cellars 1973
- USA – Mayacamas Vineyards 1971 (tie)
- USA – Heitz Wine Cellars 'Martha's Vineyard' 1970 (tie)
- USA – Clos Du Val Winery 1972
- France – Chateau Mouton-Rothschild 1970
- France – Chateau Montrose 1970
- France – Chateau Haut-Brion 1970
- France – Chateau Leoville Las Cases 1971
- USA – Freemark Abbey Winery 1969

와인 아카데미상 시상식

"어떤 와인이 제일 좋아요?" 이 질문에 대한 전문가들의 대답은 모두 비슷하다. "가장 좋은 와인이란 지금 당신이 제일 좋아하는 와인입니다. 당신은 당신만의 미각을 가지고 있기 때문입니다." 이런 답변은 너무 평범해서 실망스러울 수도 있겠지만 어쩔 수 없는 사실이다. 그 질문이 비록 광범위하긴 하지만 우리도 나름대로 보편적이고 객관적인 시각으로, 또 전문가들의 경험에 의거하여 가장 좋은 와인에 대해 이야기할 수 있다. 만약 와인을 위한 아카데미상 같은 것이 있다면 아마도 다음과 같은 시상식이 연출되지 않을까 상상해본다.

유럽에서는 오랫동안 훌륭한 와인을 생산해왔다. 그중에서도 가장 먼저 프랑스를 꼽지 않을 수 없다. 프랑스의 면적은 대한민국보다 6배 이상 크고 거의 모든 지방이 오랜 역사를 가지고 지역마다 다른 기후와 흙을 가지고 저마다의 뚜렷한 특징과 개성으로 와인을 만들어왔다. 보르도(Bordeaux), 부르고뉴(Bourgogne), 샹페인(Champagne), 론(Rhone), 루아르(Loire), 알자스(Alsace), 랑그독 루씨용(Languedoc-Roussillon), 프로방스(Provence) 등에서 세상 사람들이 열광하는 매력적인 와인들이 만들어진다.

부르고뉴의 심장부인 코트 도르(Cote d'Or, 황금의 언덕)에서는 세계에서 가장 유명하고 비싼 와인 중의 하나인 로마네 콩띠(Romanée-Conti)를 비롯해서 샹베르땡(Chambertin), 에셰조(Échezeaux), 꼬르똥(Corton), 몽라셰(Montrachet) 등 최고급 그랑크뤼(Grand Cru)를 생산해낸다. 이 지역의 와인은 지금까지 그래왔던 것처럼 피노 누아 품종의 레드 와인 부문에서 최고의 상을 차지할 것이다. 그들의 전통과 맛과 품위를 감히 누가 따라갈 수 있단 말인가? 하지만 콜롬비아 강을 사이에 끼고 우수한 피노 누아를 생산해내는 미국 오리건 주나 워싱턴 주의 와인은 이제 강력하고 젊은 도전자가 되었다. 실제로 세계적으로 권위 있는 디캔더 월드 와인 어워즈(Decanter World Wine Awards)의 2016년 대회에서 오리건의 피노 누아가 부르고뉴 최고의 와인들을 제치고 우승을 차지했다. 이렇게 전문가들의 예상을 깨는 일은 분명 더 자주 일어날 것이다.

카베르네 소비뇽과 멀로를 주축으로 하는 보르도(Bordeaux) 출신의 와인도 언제나 그 부문에서 가장 강력한 우승 후보다. 세계에서 가장 비싸고 잘 알려져 있는 보르도의 5대 샤토들 즉, 샤토 라피트 로쉴드(Chateau Lafite-Rothschild), 샤토 라뚜르(Chateau Latour), 샤토 마고(Chateau Margaux), 샤토 오 브리옹(Chateau Haut-Brion) 그리고 샤토 무통 로쉴드(Chateau Mouton Rothschild)의 아성은 결코 무너지지 않을 것으로 보인다. 이 부문에서 최소한 몇 개의 상을 분명히 가져갈 것이다. 그러나 이제는 모든 지역에서 훌륭한 레드 와인을 생산해내고 있다. 그중에서도 특히 캘리포니아의 나파 밸리산 카베르네 소비뇽이나 메리티지 그리고 칠레, 스페인, 남아프리카공화국, 호주, 뉴질랜드 등의 신세계 와인이 여러 대회에서 종종 프랑스의 와인을 제치고 우승을 하면서 매우 위협적인 존재가 되었다. 달도 차면 기울고, 붉은 꽃도 열흘을 넘기지 못하는 법, 프랑스의 레드 와인들이 언제까지 가장 높은 자리에 머물는지는 두고 볼 일이다.

드라이하고 섬세하며 우아한 향을 지닌 화이트 리슬링은 독일이나 스위스 국경과 가까운 곳에 위치한 프랑스의 알자스 지방의 것이 강력한 우승후보일 것이다. 독일은 오랫동안 레몬, 잘 익은 사과, 자몽 맛이 나고 약간 스파이시해서 매운 음식과도 잘 맞는 리슬링을 라인강 남서면의 가파른 언덕과 모젤강가에서 만들어왔다. 독일은 와인생산국 중에서 가장 북쪽에 있는데(북위 47~55도) 위로는 덴마크와, 남쪽으로는 스위스와 오스트리아와 접경되어 있다.

기후가 낮고 일조량이 부족해서 알코올 도수와 당도가 비교적 낮은 화이트 와인을 생산하는데 쌀쌀한 날씨에도 잘 자랄 수 있는 품종의 개발과 독일인 특유의 근면과 노력으로 세계적인 화이트 와인을 생산해내고 있다.

포르투갈은 주정이 강화된 와인으로 유명하다. 포르투갈의 마데이라(Madeira)와 숙성된 포트 그리고 드라이 쉐리(Sherry)와 마르살라(Marsala)는 그 부문 최고의 상을 가져갈 것이 분명하다. 포르투갈뿐 아니라 스페인에서도 훌륭한 와인을 만들어낸다. 캘리포니아를 비롯한 신세계에서 이 부문에 도전하고 있지만 그들의 다양함과 전통을 무너뜨리기에는 아직 갈 길이 멀다.

이태리 사람들은 규칙이나 제약을 싫어한다. 저마다의 개성과 자존심이 강하다. 그래서 나라에서 정한 등급제도에 순종하지 않는 이들이 많았었다. 그러나 1963년에 원산지 명칭통제법(DOC)을 제정한 이래 이태리의 토스카나 지방에서는 산지오베제(Sangiovese) 품종으로 만든 잘 숙성된 키안티(Chianti)와 네비올로(Nebbiolo)라는 한 가지 품종으로만 만드는 바롤로(Barolo)와 바르바레스코(Barbaresco) 등을 생산해낸다. 스페인을 제외하고는 아직도 이 부문에 강력한 도전자가 나타나지 않아 이태리 최강의 제품으로 꼽힌다. 아마로네(Amarone della Valpolicella: 포도를 말려서 섞어 만든 풍부하고 드라이하고 도수가 약간 높은 레드 와인)와 향기롭고 감미로운 스파클링 머스캣은 특별상을 받을 수 있다.

가장 우수한 카베르네 소비뇽 부문에서는 캘리포니아 나파 밸리 지역의 것이 최고상을 차지할 가장 강력한 후보일 것이다. 나파 밸리는 특히 카베르네 소비뇽을 생산하는 데 최고의 기후 조건을 갖춘 곳이다. 그 밖에도 드라이한 게뷔르츠트라미너(Gewurtztraminer)와 슈냉 블랑, 바베라와 드라이 로제에서도 예상치 못한 상을 탈 수 있고 샤도네이 포도로 만든 화이트 버건디는 프랑스와 동률을 이룰 수도 있다.

지역이나 품종을 막론하고 진정한 세계 최고의 작품상을 받을 만한 것을 하나만 뽑으라면 아마도 심사위원들의 표가 다음 세 가지로 나뉘지 않을까. 프랑스 브루고뉴 지방의 피노 느와로 만든 잘 숙성된 와인과, 보르도 뽀이약 지방의 멀로를 주종으로 해서 만든 어느 샤토의 와인, 그리고 캘리포니아의 나파 밸리에서 생산된 집중력 있고 조화로운 카베르네 소비뇽으로 말이다.

그러나 이렇게 예상되는 전형적인 시상식의 모습은 빠르게 변하고 있다. 이제는 세계 어느 곳의 누구라도 훌륭한 와인을 만들어낼 수 있게 되었다. 캘리포니아, 오리곤, 칠레, 호주, 뉴질랜드, 남아프리카공화국 등 전 세계 곳곳에서 매우 훌륭한 품질의 와인이 생산되고 있다. 누구나 품종이 우수한 포도나무의 종자를 공급받아 재배할 수 있고, 농업과 과학 기술의 발달로 거의 실수 없이 양질의 와인을 지속적으로 생산해낼 수 있다. 다양성은 사라지고 특정 지역의 특정 와인에 대한 고정관념도 깨지고 있다. 신세계에서 생산하는 수많은 우수한 와인의 출현으로 뛰어난 전문가들조차 이제는 특정 와인의 다른 점을 이야기하기 어려워졌다. 실제로 세계적으로 권위 있는 기관들의 평가와 등수를 봐도 우승하는 와인의 국적이 매년 바뀌고 있다는 것을 알 수 있다. 물론 오래 전부터 지속적으로 훌륭한 와인을 만들어왔던 전형적인 나라들 즉, 프랑스, 이태리, 스페인 같은 나라의 우승 횟수가 전체적으로는 많을 수밖에 없다. 하지만 신세계 와인들의 약진은 날이 갈수록 더욱 뚜렷해지고 있다.

사실 와인 아카데미상 같은 것은 큰 의미가 없는 것이라고 잘라 말할 수 있다. 우리 한 사람 한 사람의 존재가 모두 특별하고 유일무이해서 비교될 수 없는 것처럼 와인도 그렇다. 한 마리의 물고기가 탄생하는 데 그를 둘러싸고 있는 거대한 바다와 그 바다를 이루고 있는 무한한 요소들이 영향을 미치는 것처럼 와인의 세계도 다르지 않다. 저마다의 맛과 개성을 어떻게 점수로 따질 수 있단 말인가? 당신이 좋아한다고 나에게도 좋다는 법이 없고 그 반대의 경우에도 마찬가지다. 와인은 그렇게 대단한 의미를 부여하거나 심각할 필요가 없는 약알코올성 음료일 뿐이다. 좋은 와인을 마실 기회가 생겼다면, 즐겁고 기분 좋은 행운일 뿐이다. 품평이나 상, 점수에 관계없이 당신이 즐기는 와인, 당신이 고른 그 와인이 바로 진정한 아카데미상 감인 것이다.

INFO

유명인사들이 소유한 와이너리들

와이너리를 소유한다는 것은, 특히 서구 사람들에게는 최고의 꿈이자 소망이다. 시간이 가면 갈수록 역사가 깊어지며 대대손손 이어지는 사업이기 때문이다. 와이너리의 운영은 온 가족의 힘이 필요한 일이기 때문에 가족간의 우애가 깊어지는 사업이기도 하다. 지인이나 친구들의 방문도 끊이지 않아 매일 저녁 직접 빚은 와인과 음식이 어우러진 푸짐한 식탁이 차려진다. 와이너리는 자연과 함께하는 사업이기도 하다. 고대 그리스나 로마 시대에도 유명한 철학자나 희곡작가, 정치가, 장군들이 개인적으로 와이너리를 가지고 있었다. 다음은 유명인사들이 소유한 와이너리의 목록이다. 소유자, 와이너리 이름, 와이너리의 위치순으로 적었다.

프랜시스 포드 코폴라(Francis Ford Coppola)

잉글눅 와이너리(Inglenook Winery), 나파 밸리, 캘리포니아

이태리에서 대대로 와인을 만들어왔던 집안의 후손인 그는 영화 대부(God Father)의 감독으로 잘 알려져 있다. 대표 와인은 루비콘(Rubicon)이다.

클리프 리처드(Cliff Richard)

아데가 도 칸토(Adega do Cantor), 알가베, 포르투갈

1960~1970년대를 휩쓸었던 영국 가수가 직접 세운 와이너리다. 일 년에

200톤 정도를 생산해내는 작은 규모지만 양질의 와인을 고집한다. 클리프 리처드는 영국 내에서만 2,100만 장의 앨범이 팔려서 비틀즈, 앨비스 프레슬리 다음으로 인기 있는 가수로 우리나라에서도 내한공연을 한 적이 있다. 평생 와인애호가로 살고 있다.

브래드 피트, 안젤리나 졸리(Brad Pitt, Angelina Jolie)

샤토 미라발(Château Miraval), 프로방스, 프랑스

이들은 세상에서 가장 유명한 커플 중 하나로 총 5억 달러의 자산을 가지고 있고 베트남, 캄보디아, 에티오피아 등에서 입양한 아이 셋과 직접 낳은 아이들까지 6명의 아이를 키우고 있다. 그들이 소유한 와이너리는 프랑스 남부, 인구 8백 명의 작은 도시 코렌(Corren)에 위치해 있고 백 퍼센트 유기농 포도로 와인을 만든다. 그러나 두 사람의 결혼 생활은 2년 만에 파경에 이르고 말았다. 사람들은 브래드 피트가 안젤리나보다 오히려 와인에 더 깊은 사랑을 느끼고 있는 것 같다고 말한다. 안젤리나는 할리우드에서 가장 많은 출연료를 받는 배우이자 인도주의자(humanitarian)로서 많은 상을 받았다. 두 사람의 이혼으로 그들이 소유했던 와이너리는 최근 매각되었다.

마리오 안드레티(Mario Andretti)

안드레티 와이너리(Andretti Winery), 나파 밸리, 캘리포니아

이태리계 미국인으로 차의 종류, 경주의 종류, 길의 종류를 가리지 않고 각종 주요 대회에서 총 109번의 우승 기록을 세운 세계적인 자동차선수 마리오 안드레티가 세운 와이너리다. 1994년에 은퇴한 뒤 취미로 시작한

와인너리였는데 점차 와인의 세계에 빠져들면서 본격적으로 사업을 펼치기 시작했다고 한다. 대표 와인으로 카베르네 소비뇽 안드레티 리저브(Cabernet Sauvignon Andretti Reserve)가 있으나 전체적으로는 큰 주목을 받지 못하고 있다.

안토니오 반데라스(Antonio Banderas)

안타 반데라스(Anta Banderas), 리베라 델 듀에로, 스페인

데스퍼라도(Desperado), 조로(The Mask of Zoro), 에비타(Evita) 등의 영화로 친숙한 스페인의 배우이자 감독, 가수 겸 제작자다. 최고의 와인을 만들겠다는 그의 꿈은 1999년 스페인의 가장 중요한 와인 생산 지역 중의 하나인 리베라 델 듀오(Ribera del Duero)에 230헥타르의 땅을 구입하면서부터 시작되었다. 마드리드에서 북쪽으로 두 시간 거리에 있는 그의 와이너리에서는 스페인의 대표 품종인 템프라니요로 풍성하고도 섬세하며 숙성될수록 더 우아해지는 최고급 와인을 생산하고 있다. 미국 나파 밸리의 카베르네 소비뇽과 비교될 수 있는 품종이며 와인이다.

드류 베리모어(Drew Barrymore)

카멜 로드 와이너리(Carmel Road Winery), 몬테레이, 캘리포니아

그녀가 5살 때 출연했던 스티븐 스필버그 감독의 영화 E.T.는 전 세계 사람들의 마음에 아직도 아련하게 남아 있다. 그녀는 평탄치 않은 젊은 시절을 보냈지만 그 뒤로 유엔의 세계 식량 프로그램의 기아대책 대사 등의 직책을 맡게 되면서 보람 있는 중년의 삶을 살고 있다. 그녀의 와이너리는 캘리포니아 주 샌프란시스코에서 남쪽으로 2시간 거리에 있는 몬테레이

에 위치해 있다. 뜨겁지 않은 낮과 차가운 밤 기온을 가진 그 지역의 기후에 적합한 샤도네이와 피노 느와, 리슬링만을 생산하고 있다. 2017년에는 새로이 베리모어 로제를 출시하기도 했다.

어니 엘스(Ernie Els)

어니 엘스 와인(Ernie Els Wines), 스텔른보쉬(Stellenbosch), 남아프리카공화국

남아프리카공화국의 골프 선수인 어니 엘스는 191센티미터의 키에 부드러운 스윙으로 세계인의 사랑을 받았다. 별명은 빅 이지(Big Easy). 그는 프로골프대회에서 총 71회의 우승을 기록했다. 1999년 남아프리카공화국에서 가장 유명한 지역인 스텔른보쉬를 선택한 그는 2000년에 해가 잘 비치고 자갈을 많은 북쪽 경사면에서 프랑스 머독 스타일의 첫 와인을 탄생시켰다

닉 팔도(Nick Faldo)

닉 팔도 와인, 쿠나와라(Coonawarra), 호주

닉 팔도는 키가 196센티미터로 스윙 머신으로 알려졌던 잘생긴 영국 골프선수다. 무려 97주 동안이나 세계 랭킹 1위를 지켰을 만큼 집중력이 뛰어난 것으로 유명했다. 영국 특유의 신사도를 지닌 그는 현재 골프 해설자로도 탁월한 능력을 발휘하고 있다. 몸에 좋다는 이유로 조금씩 와인을 즐겨왔던 그는 와이너리를 소유한 뒤에도 과음을 하지 않고 항상 조금씩 즐기고 있다. 그는 호주의 쿠나와라 지역에서 2000년도에 첫 와인을 출시했는데, 백 퍼센트 자기 소유의 땅에서 생산된 포도로 만들어냈다. 또한 쿠나와라 지역이 가지고 있는 특징, 즉 조화롭고 즉시 마실 수 있으며 과일의 맛이 숨김없이 드러나는 와인을 매일 부담 없이 즐길 수 있도록

저렴한 가격으로 생산한다는 것이 와인에 대한 그의 철학이다. 그 때문에 소비뇽 블랑, 카베르네 소비뇽, 시라(쉬라즈)만을 생산한다.

웨인 그래츠키(Wayne Gretzky)

웨인 그래츠키 에스테이트 와이너리(Wayne Gretzky Estates Winery), 나이아가라 페닌슐라, 캐나다

캐나다의 세계적이고 전설적인 아이스하키 선수인 그는 아이스하키 사상 가장 위대한 선수라고 불린다. 그래서 별명도 위대한 자(The Great One)이다. 이제까지 웨인보다 많은 기록을 가진 선수는 없다. 수많은 대기록을 세웠고 미국의 내셔널 하키 리그(NHL)에서만 모두 60개의 신기록을 가지고 있는 선수다. 그는 2017년 캐나다 온타리오 주의 나이아가라 온 더 레이크(Niagara-on-the-Lake)에 최신식 시설을 갖춘 웨인 그레츠키 에스테이트 와이너리 앤드 디스틸러리(Wayne Gretzky Estates Winery & Distillery)를 세웠고, 같은 땅에서 재배하고 수확한 곡물로 고급 위스키도 함께 생산하고 있다. 브리티시 주의 오카나간(Okanagan)과 캘리포니아의 소노마에 있는 와이너리를 소유하고 있다.

댄 마리노(Dan Marino)

패싱 타임 와이너리(Passing Time Winery), 우딘빌, 워싱턴

한 번도 수퍼볼에서 우승하지 못했지만 미국 풋볼 역사상 가장 우수한 쿼터백 중의 하나로 손꼽힌다. 8살부터 풋볼을 시작한 그는 여러 부문에서 각종 신기록을 최초로 이룩한 사나이로 마이애미 돌핀스의 쿼터백이었다. 그는 2010년 그의 팀 동료였던 데이먼 하드(Damon Huard)와 함께 와

이너리를 세웠고, 2012년 출시한 첫 와인 카베르네 소비뇽은 나오자마자 와인전문지로부터 높은 평점을 받으면서 워싱턴 주에서도 톱클래스의 레드 와인을 생산할 수 있다는 것을 미국과 전 세계에 보여주었다. 많은 초기 투자비용 때문에 아직까지 수익은 내지 못하고 있지만 2017년 시장에 나온 그들의 2014년 빈티지는 매우 좋은 반응을 얻고 있다.

조 몬태나(Joe Montana)

몬태지나 와인스, 나파 밸리, 캘리포니아

샌프란시스코 포티나이너스(49er's)를 네 번이나 슈퍼볼에 올려놓았고 세 번의 최고선수상을 받은 미국 풋볼 역사상 가장 위대한 쿼터백. 많은 신기록을 가지고 있는 조 몬태나는, 위기에서도 언제나 침착했기에 마지막 순간에 31번이나 승패를 뒤집었었던, 승부에 냉정한 선수였다. 별명은 차가운 혹은 침착한 조 쿨(Joe Cool), 컴백 키드(The Comeback Kid)였다.

올리비아 뉴튼 존(Olivia Newton-John)

코알라 블루 와인스, 남호주

전 세계에 1억만 장이 팔려 세계에서 가장 많이 레코드가 팔린 연예인 중의 한 명이다. 존 트라볼타와 첫 출연한 영화 그리스(Grease)의 사운드트랙은 아직까지도 할리우드 역사상 가장 성공적인 것 중의 하나로 기억되고 있다. 오랫동안 환경 및 동물 보호가로 활동하고 있다.

그렉 노먼(Greg Norman)

그렉 노먼 에스테이트, 남호주와 캘리포니아

331주 동안을 세계 랭킹 1위를 지켰던 호주의 골프 선수로 국제대회에서 91번이나 우승했다. 그의 공격적인 골프 스타일과 체격, 금발 때문에 생긴 별명은 백상아리(The Great White Shark)였다. 현재 여러 가지 사업을 왕성하게 펼치고 있다.

아놀드 파머(Arnold Palmer)

아놀드 파머 와인스, 캘리포니아

그의 평범하고 부드러운 말씨와 서민적 배경 덕분에 골프가 특권층이 즐기는 스포츠라는 인식이 바뀌었고 1960년대 당시 삼인방이었던 잭 니콜라우스(Jack Nicklaus), 게리 플레이어(Gary Player)와 함께 골프의 대중화를 이끌었다. 그는 60년에 걸친 선수생활에서 피지에이(PGA)에서 62번이나 우승했는데 그 기록은 오늘날까지도 5위 자리를 지키고 있다. 그의 재산은 6억8천만 달러에 달한다고 알려져 있다.

그 밖에도 멕시칸 아메리칸으로 1960년대를 풍미했던 블랙 매직 우먼(Black Magic Woman)의 기타 천재 카를로스 산타나(Carlos Santana), 미국의 성격파 영화배우 조니 뎁(Johnny Depp), 영국의 축구선수 데이비드 베컴(David Bekham)과 그의 와이프이자 모델인 빅토리아 베컴(Victoria Beckham), 2016년 노벨문학상을 받은 미국 가수 밥 딜런(Bob Dylan), 미국 가정주부들의 대모인 마사 스튜어트(Martha Stewart), 영국의 세계적인 요리사 고든 램지(Gordon Ramsay) 등이 개인적으로 와이너리를 소유하고 있거나 유명 와이너리와 손잡고 사업을 하고 있다.

풀 바디, 미디엄 바디, 라이트 바디

Wine 와인에서 말하는 바디(body)는 몸의 곡선이나 무게 같은 것이 아니고 입안에서의 느낌을 뜻한다. 보통 라이트, 미디엄, 풀(또는 헤비) 바디로 나뉘는데 입안에 물을 물고 있을 때와 녹차를 물고 있을 때, 보리차를 물고 있을 때의 느낌이 다른 것을 떠올려보면 이해하기 쉽다.

와인의 바디를 이야기하는 것은 많은 요소들과 관계가 있지만 가장 중요한 것은 알코올이다. 알코올의 정도가 미치는 영향이 곧 바디감을 결정짓기 때문이다. 더 정확하게 말하면 입안에서의 느낌을 결정짓는 것은 바로 알코올의 점도(viscosity)이다. 물은 꿀보다 점도가 약해서 더 쉽게 움직이고 입안에서의 느낌도 가볍다. 와인의 경우, 알코올의 도수가 높을수록 점도가 높아지고 입에서도 더 가득하고 풍부한 느낌이 든다. 그래서 점도가 높은 와인을 풀 바디라고 하고, 낮은 와인을 라이트 바디라고 부른다. 풀 바디는 알코올 도수도 높고 느낌이 크고 강한 데 비해 라이트 바디는 상대적으로 가볍다 또는 싱겁다는 느낌이 들 수 있다.

그 외에 알코올처럼 날아가는 물질이 아닌 타닌이나 글리세린, 설탕과 산(酸) 같은 것도 바디를 형성하는 데 중요한 역할을 한다. 일반적으로는 레드 와인이 화이트 와인보다 풀 바디인 경우가 많다. 레드 와인은 발효 과정을 거치는 동안 또는 오크통에서 숙성되는 과정에서 바디에 무게가 더해지기 때문이다.

그르나슈(Grenache)나 게뷔르츠트라미너, 샤도네이(Chardonnay) 같은 품종은 당도가 높아서 알코올 도수가 조금 더 높아지기 때문에 바디에 영향을 준다. 품종에 관계없이 더운 지역에서 자란 포도는 서늘한 지역에서 자란 포도보다 당도가 높아서 바디가 무거워질 수 있다. 당도가 높으면 알코올 함량이 높아지기 때문이다. 카베르네 소비뇽이나 멀로, 시라같이 껍질이 두꺼운 포도도 바디에 영향을 준다. 껍질이 두꺼우면 요소들이 더 진하게 우러나오기 때문이다.

절대적인 기준은 아니지만 보통 알코올 도수가 13.5도가 넘으면 풀 바디라고 부르고 12.5도에서 13.5도 사이라면 미디엄, 12.5도 이하일 경우 라이트 바디라고 부를 수 있다. 산뜻하다거나 신선하다고 표현되는 대부분의 화이트 와인이 라이트에 해당한다. 그러나 개개인의 느낌 차이 때문에 구분하는 것이 조금씩 다를 수 있지만 이 세 가지를 구분하는 뚜렷한 경계나 법칙이 따로 있는 것은 아니다. 그래서 미디엄 투 라이트(medium to light) 바디라거나 미디엄 투 풀(medium to full) 바디라는 표현을 쓰기도 한다. 그리고 풀 바디가 더 좋은 와인을 의미하는 것도 당연히 아니다. 품질을 따지는 데는 여러 가지 다른 요소들이 서로 어떻게 조화로운지가 더 중요한 것이다.

INFO

바디는 다음과 같이 나눌 수 있다.
화이트 와인이면서 라이트 바디일수록 차게 마셔야 한다.

풀 바디 와인

레드	시라(Shira/Shiraz) 카베르네 소비뇽(Cabernet Sauvignon) 말백(Malbec) 페팃 시라(Petite Shira) 보르도(Bordeaux) 네비올로(Nebbiolo) 템프라니요(Tempranillo) 바르바레스코(Barbaresco) 바롤로(Barolo)
화이트	샤도네이(Chardonnay, 오크통에서 숙성을 거친 것) 비오니에(Viognier) 세미용(Semillon) 게뷔르츠트라미너(Gewurztraminer)

미디엄 바디 와인

레드	산지오베제(Sangiovese) 진판델(Zinfandel) 그르나슈(Grenache) 멀로(Merlot)

바베라(Barbera)
카베르네 프랑(Cabernet Franc)
키안티(Chianti)
발포리첼라(Valpolicella)
수퍼 투스칸(Super Tuscan)
카르메네르(Carmenere)
론(Rhone)

화이트 샤도네이(Chardonnay, 오크통에서 숙성을 안 한 것)
슈냉 블랑(Chenin Blanc)
소비뇽 블랑(Sauvignon Blanc)
세미용(Semillon)

라이트 바디 와인

레드 피노 느와(Pinot Noir)
가메(Gamay)
프레시아(Fresia)

화이트 로제(Rose)
화이트 진판델(White Zinfander)
보졸레(Beaujolais)
피노 그리지오(Pinot Grigio)
리슬링(Riesling)
모스카토(Moscato)
소아베(Soave)

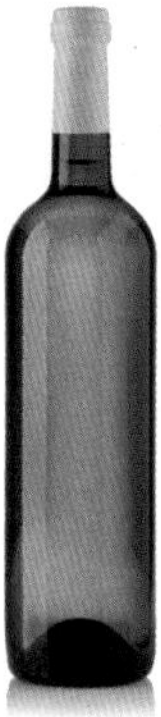

로버트 파커, 맛의 신?

Wine 미국의 로버트 파커(Robert Parker Jr)는 세계적인 와인품평가다. 어느 한 사람의 평가가 와인업계 전체에 미치는 영향이 로버트 파커처럼 큰 사람은 아직까지 없었다. 그는 1947년생으로 메릴랜드의 북쪽 시골마을에서 어떤 상업적 이해에도 얽히지 않은 채 고등학교 때의 첫사랑이었던 부

인과 한국에서 입양해온 딸 마이아, 그리고 두 마리의 개와 함께 살고 있다. 그는 일 년에 만 가지, 하루에 팔십 가지 이상의 와인을 테이스팅했는데 보통 두세 줄의 짧은 평가를 달아 백 점 만점제로 점수를 매기는데, 대강의 소매가격과 마시기에 가장 좋은 때도 기재해준다. 그의 코는 백만 불짜리 보험에 가입되어 있다.

그는 1978년 자신이 창간한 격월간지 와인 애드버케이트(Wine Advocate)에 당시 유행하던 10점 만점제 대신 100점 만점제를 처음으로 시도했는데 지금은 거의 모든 평가기관에서 100점 만점제를 채택할 정도로 세계 와인업계에 미치는 그의 영향력은 대단하다. 일반인들이 와인을 구입할 때는 보통 전문가나 기관들의 평가 점수에 큰 영향을 받기 때문에 와인 생산업자들은 보다 높은 점수를 얻기 위해 그의 입맛에 맞춘 와인까지 생산했을 정도다. 이제까지 그는 22만 병이 넘는 와인을 품평했는데 그중 백 점을 준 와인은 500개가 넘는다. 그 백 점짜리 와인들을 살펴보면 대부분 풀 바디여서 그가 튼실하고 과일의 맛과 향이 진하고 우아하며 그러면서도 오래 보관할수록 더 좋아지는 캘리포니아 또는 프랑스 론 지방의 강한 와인을 선호한다는 것을 분명하게 알 수 있다.

그는 완벽하게 공정성을 지키기 위해서 모든 와인을 자기 돈을 들여 직접 구입했고 어떤 돈이나 선물도 받지 않았으며, 자신의 잡지에 와인 광고를 일체 싣지 않았다. 그가 매긴 점수는 매상과 직결되기 때문에 와인업계는 그의 비평 한 마디에 촉각을 곤두세운다. 하지만 와인의 절대 강국인 프랑스에서는 파커를 좋아하지 않는다. 위대한 프랑스의 와인을 천박한 미국인인 그가 노골적으로 비평하는 것이 불쾌한 것이다. 프랑스의 전문가들은 파커가 약간 달고 색이 진하며 좀 더 뚜렷한 맛을 선호한다고 믿고 있다. 프랑스 와인에 대해서도 직설적이고 대담한 품평 때문에 프랑스의 와인제조업자들조차 그의 눈치를 보지 않을 수가 없게 되었다. 그가 악평을 하면 값이 곤두박질치고, 좋은 점수와 함께 칭찬을 하면 그의 의견을 광고에 사용하지 않을 수 없기 때문이다. 이제 프랑스 사람들조차 그의 품평을 참고하고 있다.

로버트 파커가 세웠던 와인 잡지 더 애드버케이트에 따르면 100점 만점의 맨 위 10점은 숙성을 거쳐 더욱 훌륭한 와인으로 태어날 만한 여지가 있다는, 즉 미래 가능성에 대한 평가라고 한다. 튼튼한 타닌의 골격을 가졌는지, 더 개발될 맛과 향을 지녔는지를 평가한다는 것이다. 90점으로도 최고 점수인데 거기에 10점을 더 가산하는 방식이다. 다시 말해서 아무리 훌륭한 와인이라도 지금 마시기에 좋은 와인의 최고점수는 90점인 것이다. 그래서 90점에서 100점 사이의 점수를 받은 모든 와인은 모두 A등급이라고 말했다. A등급은 매우 뛰어난 것 또는 특별한 노력의 결과로 만들어진 감각적인 와인들에만 주어지기 때문에 90점과 100점의 차이는 커도 모두 A등급이 틀림없다는 것이다.

하지만 가장 영향력 있는 와인잡지 중의 하나인 와인 스펙테이터(The Wine Spectator)의 점수 결정 방식은 조금 다르다. 즉, 미래 가치에 대한 점수를 따로 분리해서 점수를 가산하는 것이 아니라 그것까지 포함해서 소비자들의 다양한 견해와 인기 등을 총평한 뒤 전체적으로 평가하는 방식이다.

매일 마시는 일반적 와인이라면 88, 89, 90점 정도여도 훌륭한 것이다. 와인의 점수라는 것은 그날 테이스팅한 사람이 누구인가, 하루 중 언제 한 것인가, 또는 품평한 사람이 아침에 부부싸움을 하고 나왔는지 아닌지 등 수많은 변수에 따라 결정되는 것이다. 다시 한 번 강조하지만 와인의 점수라는 것은 많은 경우 무의미하다고 할 수 있다. 따라서 참고는 하되 전적으로 믿지는 말아야 한다.

와인에 대한 그의 뛰어난 기억력은 인정하지 않을 수 없다. 그가 맛보고 점수를 줬던 어느 와인을 20년 후에 다시 재감정했을 때에도 그의 평가와 점수는 거의 비슷했고, 오랜 세월이 흐른 후에도 대부분의 점수가 2점 안에서 유지되고 있기 때문이다. 그는 테이스팅 능력에 지장을 초래하지 않도록 마늘을 먹지 않고 커피도 마시지 않는다. 하지만 모든 것은 끊임없이 변하는 법, 로버트 파커에게 매우 높은 점수를 받은 와인의 판매도 예전처럼 열광적이지는 않다. 소비자들이 그의 입맛의 특징과 스타일을 이해했기 때문이다.

와인 평가에 큰 영향을 끼치고 있으며, 와인의 점수에 대한 정보를 얻을 수 있는 네 가지 와인잡지를 소개한다.

와인 스펙테이터(Wine Spectator)

음식보다는 와인을 집중적으로 소개하는 이 잡지는 특히 와인에 대한 평가와 등급 판정으로 유명하다. 대부분의 잡지가 와인과 함께하는 라이프스타일에 초점을 맞췄다면 와인 스펙테이터는 와인에 대한 비평과 점수, 특정지역에 대한 여행, 예술과 문화 등을 다루고 있으며 가장 최근 뉴스도 유익해서 볼 만하다. 하지만 과도한 광고 때문에 기사와 내용의 비중이 상대적으로 작아 보여서 너무 상업적 마인드가 강한 것 아니냐는 불만을 사고 있다. 100점 만점제를 채택하고 있으며, 일 년에 한 번씩 세계 최고의 100대 와인 리스트를 뽑는 것으로도 유명하다. 한국에서 구독할 경우, 인터넷 판(WineSpectator.com)과 잡지를 묶어서 일 년에 우송비 포함 170달러이며, 인터넷 판만 주문할 경우에는 일 년에 50달러이다.

와인 인수지애스트(Wine Enthusiast)

와인이나 위스키, 보드카 등의 일반 주류와 음식, 와인과 음식의 짝짓기, 여행 등에 관한 기사로 친근한 잡지다. 와인을 음식과 함께 즐기는 사람들에게는 두 가지의 궁합에 대한 평가나 조리법 등이 나오는 이 잡지가 더없이 좋다. 매달 발행되며 구독료는 스페셜 보너스 책까지 합쳐서 일 년에 30달러 정도로 저렴하다.

Wine 디캔터 매거진(Decanter)

영국에서 발행되는 월간잡지로 와인은 물론이고 와인 관련 업체들에 대한 내부 소식까지 심층적으로 보도한다. 와인 메이커와의 인터뷰, 와인 생산지역에 관한 새 소식과 깊이 있는 교육적 기사를 제공한다. 또 '이 달의 추천 와인'이라는 코너에서는 일반인들이 즐길 수 있는 저렴하고 훌륭한 와인을 선정하고 자세한 구입 정보까지 친절하게 알려준다.

이 잡지의 주발행인 중에는 파리의 심판을 주최했고 이후 수많은 테이스팅 대회의 주역으로 활약하고 있는 영국인 스티븐 스프리어가 있어서 이벤트로 흥미로운 대회들을 열고 있다.

디캔터가 다른 라이프스타일 잡지와 다른 점은 와인과 그 지역에 대해 보다 깊이 있게 분석하고 문제점도 지적한다는 것이다. 그런 점에서는 디캔터 관계자들 스스로도 세계에서 가장 훌륭한 와인잡지라고 자평한다. 와인 스펙터이터가 전 세계의 와인과 지역을 아우르며 폭넓게 이야기하는 반면, 디캔터는 대개 두 개 지역만을 비교 분석함으로써 독자들이 보다 집중해서 이해할 수 있도록 노력한다. 한국에서의 일 년 구독료는 우송비를 포함해 87달러다.

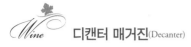

Wine 와인 애드보케이트(Wine Advocate)

세계적인 와인비평가 로버트 파커가 1978년에 만든 잡지로 다른 와인잡지들과는 좀 다르다. 잡지는 백 퍼센트 독자들의 구독료로 발행되며 서너 개 지역을 집중적으로 비교 분석하고 오로지 와인에 대한 기사만 실으며 사진이나 도표 등의 자료는 찾아보기 어렵다. 라이프스타일처럼 슬슬 뒤져보거나 흥미있는 부분만 읽게 되는 잡지가 아니라 주로 전문가들이 구독하는 전문적인 잡지다. 광고를 싣지 않는데, 그가 어떤 외부의 영향도 받지 않고 독립적이고도 공정한 평가를 하기를 원하기 때문이다.

2012년 싱가포르의 투자가가 잡지의 대부분의 소유권을 사버렸고 그 후 책임 편집자는 파커가 아니며, 파커가 직접 선정한 세계적으로 잘 알려진 세 명의 전문가들로 이루어져 있다. 2012년도까지는 본인의 잡지였기 때문에 오직 그의 의견과 품평만이 실려 있어서 평가가 한쪽으로 편중되어 있었다. 실제로 그는 부르고뉴 와인에 대해서는 인색했고 리슬링에 대해서는 부족하게 다루는 경향이 있었다. 그럼에도 불구하고 잡지는 와인의 뉴스와 흐름, 그리고 믿을 만한 입맛을 가진 그의 품평이라는 점에서 와인 초보자보다는 고급반에 속하는 사람들에게 특히 유익한 잡지라고 할 수 있다. 현재는 아마존을 통해 온라인으로만 판매한다. 일 년에 6번만 발행하는데 미국 내의 구독료는 75달러이며 해외발송은 하지 않는다.

와인의 점수는 절대적인 것도 아니고 의존할 만한 것도 아니다. 심사하는 사람의 입맛, 경향, 그날의 기분에 따라 평가가 달라질 수 있기 때문이다. 따라서 사람의 입맛은 손가락의 지문처럼 모두 다르다는 것을 늘 명심해야 한다. 평가점수를 좀 더 정확하게 이해하기 위해서는 평가하는 사람이나 단체의 특징을 먼저 알아두는 것과 자신이 친숙한 지역의 와인을 먼저 들여다보는 것이 도움이 된다.

INFO

2016년 12월 26일 뉴스 앤 뷰(News & Views)에 발표된 로버트 파커 선정, 2016년 최고의 와인 9가지

세 개의 카테고리로 분류하여 각 분야마다 3가지를 선정했다.

2016년 시장에 나온 최고의 와인 3가지

▶ 할란 에스테이트 2013 프로프라이어테리 레드(Harlan Estate 2013 Proprietary Red), 평균 96점, 1,130달러

▶ 아브루 2013 토레빌로스 빈야드 프로프라이어테리 레드(Abreu 2013 Thorevilos Vineyard Proprietary Red), 98점, 530달러

▶ 비반 셀라스 2014 텐취 빈야드 카베르네 소비뇽(Bevan Cellars 2014 Tench Vineyard Cabernet Sauvignon), 95점, 300달러

2016년 가격 대비 최고의 가치를 지닌 와인 3가지(병당 20달러 미만)

▶ 올레모 2014, 샤도네이, 소노마(Olemo 2014, Chardonnay, Sonoma)

▶ 스택하우스 2014, 카베르네 소비뇽, 나파(Stackhouse 2014, Cabernet Sauvignon, Napa)

▶ 조지 오도네즈 앤 코. 보타니 2015 모스카텔 올드 바인스, 말라가, 스

페인(Jorge Ordonez & Co. Botani 2015 Moscatel Old Vines, Malaga, Spain)

2016년 가장 훌륭한 경험을 주었던 와인 3가지

▶ 보리유 1968, 조지 드 라투어 프라이비트 리저브 카베르네 소비뇽(Beaulieu 1968, Georges de Latour Private Reserve Cabernet Sauvignon), 92점, 330달러

▶ 찰스 크룩 1959(Charles Krug 1959), 92점, 275달러

▶ 다이아몬드 크릭 1976, 볼캐닉 힐(Diamond Creek 1976, Volcanic Hill), 평균 88점, 250달러

미국 최초의 와인전문가 토머스 제퍼슨

Wine 정치인, 대통령, 발명가, 건축가, 음악가, 농업인, 철학자, 버지니아 주립대학의 창립자. 평생을 창조적이고 이성과 과학을 중시하며 살았던 미국의 위대한 대통령 토머스 제퍼슨(Thomas Jefferson)의 이력이다. 그는 앞서가는 생각으로 배운 것을 그대로 현실에 활용하고자 했던 깨어 있는 사람

이었고 그런 그의 사상과 철학은 오늘날 미국의 진보정당인 민주당의 시초가 되었다. 영국과 유럽의 철학을 과학적 사고방식과 자유 진보적 사상과 묶어서 실천했던 사람이었고, 변호사로 있을 때는 사람은 누구나 평등하게 태어났다는 주장을 하기도 했다. 노예제도를 아예 없애거나 그것이 불가능하다면 최소한으로 제한하려고 노력했고, 작게나마 성공을 거두었다. 1800년 국회에서 서부지역에서는 노예제도를 금지하자는 그의 제안이 겨우 한 표 차이로 부결되었다. 그는 대통령이 되고 나서 미국에서 흑인노예의 수입을 금지하는 법안에 서명했다. 그가 만들어낸 버지니아 주 종교의 자유에 대한 성문법은 교회와 정치를 구분하는 강력한 전례를 만들었으며, 그것이 종교로부터 지성의 자유를 지킬 수 있는 위대한 보호막이 되어 있다.

평소에 수많은 철학자와 과학자들과 교류해왔던 그는 언제나 과학의 중요성을 강조했다. 과학이 사회의 발전을 증진하며 전 세계에서 미국의 지위를 올릴 수 있는 길이라고 생각했다. 그에게는 식물학, 농업, 화학, 지질학, 미국 원주민 언어학 등이 미국의 발전을 위해 중요한 학문이라고 보았다. 그는 언제나 농업에서 더 많은 수확을 거두는 것에 관해 연구했다. 그 덕분에 윤작이라는 개념과 새로운 방법의 농사법, 농기구의 발명을 이끌어냈다. 새로운 기술과 도구는 인간의 행복을 증진시킨다고 여겼다. 그는 유럽인들과 함께 새로운 생각과 식물, 씨앗과 도구 등의 정보를 교환했다.

지식은 빛이다, 오늘 할 일을 내일로 미루지 말라, 네 자신이 할 수 있는 일을 남에게 맡기지 말라, 싸다는 이유로 물건을 사지 말라, 화가 날 때는 먼저 열을 세어라, 머리끝까지 화가 났을 때는 백을 세어라 등의 말을 남겼다. 그는 위대한 저술가이기도 했다. 우아한 스타일을 갖춘 그의 글은 공문서는 물론이고 사적인 편지까지도 지성과 함께 철학적 운율을 갖추었는데, 그것은 그가 평생을 해온 사고와 고찰, 성실한 연구를 계속했고 틈틈이 써온 노트에서 비롯된 것이었다. 예술에 대한 그의 관심도 놀라웠다. 라틴어와 그리스어로 고전을 읽었으며 음악을 사랑했다. 말년에는 버지니아주립대학의 실용과학 교과과목에 관념학(Ideology)이라는 과목을 창설했는데, 과학적 사고방식이 도덕적인 철학과 학문, 예술에 기여할 수 있다는 생각 때문이었다.

토머스 제퍼슨 하면 미국 건국의 아버지로서, 그리고 독립선언문의 초안자로만 생각하기 쉽지만 그는 세계 와인 무대에 영향을 미친 전문가였고 진정한 의미에서 미국 와인산업의 선구자였다. 그는 미국에서도 유럽처럼 조금의 의심도 없이 우수한 와인을 만들어낼 수 있다고 장담했다. 그의 예견은 그의 사후 200년이 지난 오늘날 실제로 구현되었다.

그는 1774년 몬티첼로(Monticello)에 거주할 때 이태리의 와인 전문가와 손잡고 조지 워싱턴 등과 함께 투자해서 미국 최초로 상업용 포도밭을 개간하기도 했다. 하지만 추운 겨울과 포도에 생기는 병인 밀듀(mildew)와 필록쎄라(phylloxera) 때문에 프랑스의 샤토 마고에서 들여온 유럽 품종인 비티스 비니훼라(Vitis Vinifera)는 성공을 거두지 못했다. 그는 누구나 합당한 가격으로 와인을 살 수 있도록, 또 와인산업이 활성화될 수 있도록 당시의 불합리하고 혼란한 세금 및 유통체계를 바로 세우기 위해 많은 노력을 기울였다.

그는 5년 동안 프랑스 주재 외교관으로 근무하면서 프랑스 문화와 와인에 조예가 깊은 전문가가 되었다. 오늘날 특등급으로 분류되는 가장 이름난 와인 다섯 종류 중 샤토 마고, 샤토 라투르, 샤토 오브리옹, 샤토 라피트 등 네 가지를 최고로 꼽았을 만큼 뛰어난 미각의 소유자였다. 그는 미국의 대통령으로 재임하는 동안 프랑스와 매우 깊은 우정을 나눴고, 오늘날 미국의 수도인 워싱턴 디시의 건설 전체를 프랑스인이 디자인할 수 있도록 강력한 조정자 역할을 했다. 조지 워싱턴 대통령과 존 애덤스, 매디슨, 몬로 등이 와인을 구입할 때 조언자 역할을 하면서 미국에는 없었던 프랑스의 샴페인이나 보르도 지방의 와인을 처음으로 대량 구입했다. 와인에 대한 그의 품평은 프랑스, 이태리, 독일, 스페인, 포르투갈, 사이프러스, 헝가리 등에도 알려졌을 정도다.

그에게 무슨 와인을 주로 마셨는지를 묻는 것보다 무슨 와인을 안 마셔봤는지를 물어보는 편이 낫다고 할 정도로 그는 많은 와인을 마셨고 사랑했다. 그가 죽었을 때 그의 몬티첼로 와인저장소에는 50케이스 정도의 우수한 와인이 남아 있었다. 그는 와인을 마실 때마다 매우 상세한 기록을 남겼는데 그가 즐겨 마셨던 와인은 소테른, 샴페인, 보르도, 부르고뉴, 허미타지, 론, 랑그독, 머스캣, 라인과 모젤 리슬링, 이태리의 모스카토, 빈 산토스, 마살라, 키안티, 몬테풀차노, 네비올로, 토카이, 스페니쉬 와인, 셰리, 마데라, 포트 등 수많은 종류였으며 그에 대한 상세한 내용이 적혀 있었다. 그중에서 그는 보르도의 샤토 라피트의 와인을 최고로 여겼다. 흥미롭게도 그가 훌륭하다고 품평했던 와인들이 오늘날까지도 명성이 높은 와인으로 평가받고 있는 것을 보면 그의 와인에 대한 입맛과 감정이 얼마나 일관적이고 수준급이었는지 알 수 있다.

INFO

복잡한 미국의 대통령 선거는 이렇게 진행된다.

1. 선거가 있는 해의 일 년 전 봄에 각 정당의 후보들이 대통령 출마를 선언한다.

2. 선거가 있는 해의 일 년 전 여름부터 선거가 열리는 해의 봄까지는 각 당별로 프라이머리(primary)와 코커스(caucuse)가 열린다. 프라이머리와 코커스는 서로 다른 방식의 후보 선출 방식이다.

3. 선거가 있는 그해 1월부터 6월까지는 각 당(대부분의 경우 민주당과 공화당)은 각 주(state)에서 프라이머리와 코커스를 한다.

4. 선거가 있는 그해 7월부터 9월 초까지는 각 당이 컨벤션을 열고 최종 대통령 후보를 결정하고, 동시에 부통령 후보도 지명한다.

5. 선거가 있는 그해의 8월부터 선거 날 3일 전까지 각 당의 대통령 후보는 대통령 토론회(debate)에 참석하면서 유세에 총력을 기울인다.

6. 11월의 첫 번째 월요일 다음날인 첫 번째 화요일에 대통령 선거를 실시하는데 투표용지에는 대통령과 부통령의 이름들만 나와 있다. 자신이 원하는 후보에 투표한다는 것은 곧 그의 선거인단을 뽑는다는 뜻이다.

7. 12월에는 선거인단이 대통령을 뽑는 투표를 한다. 선거인단은 곧 대통령을 뜻하는 것이므로 선거인단이 하는 투표는 상징적인 행위다.

8. 새해 1월 초에 의회가 개표한 뒤 최종적으로 확인한다.

9. 새해 1월 20일 대통령 선서를 하고 공식적으로 대통령의 직무를 시작한다.

최근엔 이런 간접선거 방식에 대해 많은 회의와 의문이 나오고 있다. 한 사람이라도 더 많은 표를 얻은 후보가 그 주의 선거인단을 독식하고 상대방 후보는 한 사람도 가져갈 수 없는 구조여서 더 많은 국민들의 지지를 받은 후보가 정작 대통령 선거에서 떨어지는 경우가 생기기 때문이다. 2000년 대통령 선거에서 민주당의 앨 고어 후보가 국민들로부터 50만 표나 더 얻고도 조지 W. 부시에게 266대 271로 패했고, 2016년 민주당 후보 힐러리 클린턴은 250만 표를 더 얻고도 도널드 트럼프에게 고배를 마셨다.

미국 대통령이 되기 위한 자격 조건은

첫째, 미국에서 태어난 미국 국민이어야 하고

둘째, 만 35세 이상이어야 하며

셋째, 미국에서 14년 이상을 거주한 자라야 한다.

와인에 대한 가장 중요한 이야기

Wine 인터넷을 뒤지다 보면 와인에 대한 정보가 정말 많다. 품종이나 지역에 관한 것뿐 아니라 날씨와 흙, 전문가들의 설명과 정보 등 상식이 넘쳐난다. 걱정스러운 것은, 그렇게 많은 정보들이 와인을 마치 입시공부처럼 열심히 공부해야 한다고 오해하게 만든다는 것이다. 와인은 단지 음식

일 뿐이다. 그런데 한국에서는 특별한 취급을 받고 있다. 아기가 태어나서 듣고 말하고 쓰고 읽기를 차차 배우고 익히면서 언어를 터득하듯이 와인도 처음에는 그저 마시고 즐기다가 관심이 생기는 것부터 자연스럽게 알아가면 되는 것이다.

처음 야구장에 갔을때 우리는 그 많은 규칙을 이해하지 못해도 즐거웠다. 모네의 그림을 감상하기 위해 그림에 대한 전문지식을 먼저 갖출 필요도 없다. 붉은 해가 만들어내는 찬란한 저녁노을이 왜 그런 색을 내는지 알아야 할 필요가 없는 것처럼 와인도 그렇다. 외국인이 우리가 먹는 된장에 대해 아무리 해박한 지식을 가지고 있다고 해도 우리만큼 즐길 수는 없을 것이다. 우리는 태어나면서부터 된장을 먹어왔고 우리의 혈관에는 늘 된장국물이 흐르고 있다. 와인의 맛을 즐기지 못하고 그것에 대해 이야기하고 공부한다는 것은 무의미한 일이 된다.

와인에 대해 가장 중요한 이야기는 포도의 품종과 그것의 특징과 맛에 대해서 아는 것이다. 김치를 먹을 때 우리는 그 배추가 어디서 재배된 것인지, 그곳의 흙이 어떤 성분인지, 누가 만들었는지 등에 대해서 먼저 알 필요를 느끼지 않는다. 와인도 마찬가지로 발효는 어떻게 하는지, 어떤 이스트를 쓰는지, 무슨 오크통을 쓰는지는 그 다음 이야기다. 김치는 일단 무조건 맛있어야 한다. 물김치라면 담백하고 청량하고 배추의 맑은 느낌이, 열무김치라면 이파리가 주는 기분 좋은 쌉쌀함과 씹을 때의 질감이, 배추김치라면 배추 자체에서 나오는 채소의 단맛과 신선하고 풋풋함이 상쾌하게 느껴지는 적당한 질감

(texture)이 있어야 하는 것과 같다.

세상에는 만 가지가 넘는 포도품종이 있다. 그중 가장 일반적이고 대중적이며 좋은 와인을 만들 수 있는 몇 가지 대표적인 품종의 특징은 다음과 같다.

Wine 카베르네 소비뇽(Carbernet Sauvignon, 레드)

붉은 포도의 왕이다. 가장 대표적인 레드 와인 품종으로 2014년 현재 전 세계에서 가장 많이 재배되고 있다. 프랑스 보르도 지방의 그랑크뤼나 캘리포니아의 컬트(Cult) 와인, 고급 메리티지(Meritage) 등의 레드 와인이 모두 이 포도로 만들어진다. 오래 숙성시키고 보관할 수 있는 지속성, 깊이, 집중력을 갖춘 카베르네 소비뇽은 다양한 맛과 향이 난다. 더운 기후에서 잘 자란 포도는 우아하고 풍부한 맛을 내며 찬 지역에서 자란 포도는 파프리카 같은 채소 맛이 좀 더 강하다. 허브, 올리브, 민트, 담배, 소나무향, 자두, 검은 체리, 연필심 등의 맛과 향이 나며 오크통에서 숙성이 잘 되고 숙성을 통해 초콜릿, 바닐라 맛이 더해지기도 한다. 포도 알은 작고 껍질이 두껍고 타닌의 함유량이 높다. 레드 와인의 가장 중요한 성분은 타닌인데, 타닌 성분 때문에 오랫동안 숙성이 가능해진다. 훌륭한 카베르네는 깊고 짙은 루비색을 띠며 단단한 신맛과 약간의 떫은맛의 조화, 풀 바디, 집중된 맛, 확실한 강도를 갖춘 것이다. 장기 저장이 가능하고 백 년 넘게 숙성시킬 수도 있다. 스테이크에 잘 어울린다.

Wine 멀로(Merlot, 레드)

검은 올리브, 세이지(sage), 민트, 딸기, 산딸기, 체리, 블랙베리, 자두, 초콜릿, 담배 등의 맛이 난다. 카베르네 소비뇽보다 당분은 더 많고 타닌은 더 적다. 프랑스의 생떼밀리옹과 포므롤(Pomerol) 등 보르도의 대표적 품종으로 샤토 페트루스(Chateau Petrus)의 작품으로 유명하다. 프랑스에서는 카베르네 소비뇽보다 더 많이 재배되며 이태리에서도 많이 재배되고 있다. 카베르네 소비뇽보다 약간 더 부드럽고 떫은맛은 살짝 더 나고 허브의 느낌은 좀 더 강하다. 과일향이 풍부하고 연한 느낌을 주는 멀로는 무엇이든 약간 덜하고 부드러운 느낌을 주는 품종이다. 그래서 종종 카베르네에서 진한 색과 강한 타닌을 도입해서 하나의 완성된 그만의 느낌을 만들어낸다. 카베르네보다는 덜 뚜렷하게 느껴지지만 부드럽고 조화로운 맛을 찾는 사람들에게는 매우 좋은 와인이다.

Wine 피노 느와(Pinor Noir, 레드)

잘 만든 피노 느와는 육감적이고 이국적이며 친숙하고 섹시하며 부드러우면서도 우아한데다 약간의 신비로움까지 갖춘, 복합적인 맛을 가지고 있다. 스모키해서 담배 맛 같은 것이 느껴지기도 하고, 스파이시하고 딸기나 체리, 검은 산딸기의 맛이 나며 특히 흙냄새가 느껴진다. 흙의 미네랄 성분과 함께 먼지나 나무냄새가 두드러지고 썩은 볏 짚단이나 가죽 맛도 난다. 지나치게 표현하기를 좋아하는 사람들은 남성 호르몬인 테스토스테론의 냄새가 난다고도 한다. 그래서 여성들이 더 관심을 갖는다는 것이다. 프랑스 버건디

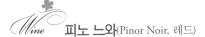

(Burgundy, 부르고뉴)에서 나오는 것이 흙의 맛이 더 강하다면 캘리포니아의 것이 과일 맛이 더 강하다. 피노 느와는 껍질이 얇고 빨리 익으며 차가운 기후와 약간의 습도를 더 좋아하는데, 재배하기가 쉽지 않은 품종이다. 밝고 투명하고 가벼운 루비색의 피노는 타닌이 적고 베리, 특히 딸기와 체리의 맛과 향이 풍부하다. 대부분의 레드 와인이 다른 품종과 조금이라도 섞이는 데 비해 피노 느와는 순전히 자기 품종만으로 만들어진다. 삼겹살과도 매우 잘 어울리는 와인이다.

Wine 시라(Shira, 레드)

50년 동안이나 보관이 가능한 제왕적인 품종이다. 호주의 팬폴드(Penfolds), 프랑스의 허미타지(Hermitage)와 꼬트 로티(Cote Rotie)의 제품이 세계적으로 알려져 있다. 호주에서는 쉬라즈(Shiraz)라고도 발음한다. 무엇보다도 먼저 흰 후추와 검은 후추의 맛과 향을 느낄 수 있다. 그 둘 사이에 미묘한 차이는 있지만 공통적으로는 스파이시한 맛이다. 그 밖에 검은 올리브, 산딸기, 체리, 블랙베리, 박하(menthol), 살라미, 흙, 초콜릿, 가죽, 볶은 콩 등의 맛이 느껴진다. 키가 큰 유칼립투스 나무의 향도 느낄 수 있다. 비교적 늦게 익어서 10월이나 11월에야 수확하는 시라는 전체적으로 충분한 질감이 있으며 부드러운 타닌을 지니고 있다. 색이 매우 진하고 자신만의 개성을 지닌 쉬라는 나라마다 다른 개성이 있어서 프랑스산, 호주산, 미국산 등을 비교해가며 마시면 더욱 흥미로운 와인이다.

Wine 산지오베제(Sangiovese, 레드)

산지오베제는 전 세계의 90퍼센트를 이탈리아에서 재배하고 있다. 이탈리아에서는 가장 대중적인 포도로 투스카니, 캄파니아, 움브리아에서 집중적으로 재배되는데 산도가 높고 타닌도 분명하며 과일향이 두드러지고 기본적으로 구운 토마토, 떫은 체리, 붉은 자두, 딸기, 무화과의 맛을 띤다. 최근에는 오크통에서의 짧은 숙성을 거쳐 부드럽고(silky) 달달한 바닐라맛과 여유로운 산미를 만들어낸다. 산지오베제는 지방에 따라 섬세한 딸기 향으로부터 짙고 타닌이 풍부한 와인까지 다양하다. 산지오베제란, 라틴어로 '주피터의 피'라는 뜻이다. 잘 알려진 것으로는 키안티, 브루넬로 디 몬탈치노(Brunello di Montalcino), 로쏘 디 몬탈치노(Rosso di Montalcino) 등이 있다.

Wine 샤도네이(Chardonnay, 화이트)

화이트 와인의 왕으로 꼽히는 가장 대표적이고 대중적인 품종이다. 본고장은 프랑스 동쪽의 부르고뉴인데 지금은 전 세계 모든 곳에서 재배되고 있다. 맛과 수익성, 재배성이 모두 뛰어나 와인 메이커들에게 큰 사랑을 받고 있는 품종이다. 잘 익은 샤도네이에는 풍부하고 농익은 과일의 맛과 향이 집중되어 있다. 프랑스의 샤블리(Chablis) 지역이나 이탈리아 산 샤도네이가 가볍고 섬세하며 철분 맛이 가득하다면, 미국이나 호주, 뉴질랜드의 샤도네이는 신맛이 뚜렷하고 자두와 사과, 배 등의 과일 맛이 풍부하다. 특히 캘리포니아 산 샤도네이는 분명하게 느껴지는 참나무의 맛(oaky)과 버터의 맛(buttery), 부드러운 크림의 맛(creamy)이 강렬하다. 더운 곳에서 재배되는 샤도네이에는 무화과, 바나나, 망고 등 열대과일의 맛과 향이 뚜렷하다. 일반적으로 초록사과, 자몽, 레몬이나 라임 같은 신과일의 힌트가 있고, 멜론, 배, 복숭아의 맛도 나며, 옅은 꿀맛과 파인애플, 밤, 헤이즐넛, 담배 등의 맛도 느낄 수 있다. 오크통에서 숙성될 때 가장 큰 혜택을 받는 품종이다. 프랑스 부르고뉴의 몽라셰(Montrachet)와 뫼르소(Meursault), 뿌이 퓌세(Pouilly Fuisse), 샤블리 제품이 모두 이 품종으로 만들어지며 샴페인 지역의 블랑 디 블랑(Blanc de Blanc)도 이 품종이다. 미국에서도 가장 많이 소비되며 어떤 모임에도 빠지지 않는 와인이다. 특히 호주에서 뚜렷한 강세를 보인다.

Wine 소비뇽 블랑(Sauvignon Blanc, 화이트)

단순하고 신선하고 상쾌하고 청량하다. 깨끗하고 가벼우며 풀잎, 채소, 허브, 토마토 넝쿨같이 풀과 허브가 기본이 된 맛과 향을 느낄 수 있다. 태양이 찬란하고 청명한 날, 바람이 들꽃을 훑고 지나가는 날, 샐러드나 샌드위치 혹은 초밥으로 하는 점심식사에 완벽하게 어울리는 화이트 와인이다. 원산지는 프랑스 루아르(Loire) 지방이지만 캘리포니아와 뉴질랜드, 칠레, 남아프리카공화국에서 만들어진 와인이 유명하다. 재배가 쉽고 생산 단가가 낮아서 오랜 세월 저가 와인의 자리에서 벗어나지 못했지만 2000년 들어 비로소 무대에 등장하게 된, 오래된 신인이다. 샤도네이가 지닌 풍만함이나 깊이, 복합적인 맛에는 미치지 못하지만 마른 땅에 비가 내릴 때 나는 흙냄새와 잔디를 막 깎았을 때 나는 냄새가 느껴지는 것이 소비뇽 블랑의 특징이자 매력이다. 아스파라거스, 아티초크, 망고와 이름 모를 열대과일의 맛과 향을 느낄 수 있다. 특히 뉴질랜드에서는 향이 가득하고 과일 맛이 넘치는 품종을 개량해서 생산하는 것으로 매우 유명하다. 소비뇽 블랑은 숙성시키는 와인이 아니고 신선함과 청량함을 즐기는 와인이어서 최근에 생산된 것일수록 좋다.

Wine 리슬링(Riesling, 화이트)

가볍고 신선하고 은은한 단맛으로 어린 소녀의 모습이 연상된다. 독일의 대표 품종으로 모젤 자르 루버(Mosel-Saar-Ruwer)와 라인가우(Rheingau), 팔츠(Pfalz) 지역의 것이 유명하다. 재배하기가 쉽지 않고, 껍질이 얇아 곰팡이에 의한 귀부병을 일으키기 쉽다. 하지만 귀부병에 걸린 포도를 사용해서 달콤한 디저트 와인을 만들기도 한다. 겨울에 만드는 아이스와인의 주요품종으로 초록사과, 배, 레몬, 꿀, 감귤, 복숭아 등의 향이 있다. 병 모양은 목이 길고 전체적으로 가늘어서 육안으로도 다른 와인과 쉽게 구분할 수 있다. 화이트 와인으로는 드물게 숙성시킬 수 있는 품종이다. 숙성된 리슬링은 좀 더 복잡한 부케와 짙은 색을 얻을 수는 있지만 단맛은 떨어진다. 양질의 리슬링에서는 싱싱한 과일의 풍미와 우아함을 즐길 수 있다. 프랑스의 알자스, 캘리포니아, 워싱턴 주에서 나는 것도 유명하다. 그 밖에 뉴욕, 호주, 남아프리카공화국에서도 많이 재배되고 있다. 알코올 농도도 다른 화이트 와인보다 조금 낮은 8~10퍼센트 정도다. 가볍고 드라이해서 샐러드나 생선요리, 닭고기, 또는 그와 비슷한 음식에 잘 어울린다.

INFO

아이스와인(Icewine)

아이스와인을 하나의 품종으로 설명하는 것은 맞지 않지만 한국에서는 아이스와인에 대해 많은 흥미를 가지고 있어서 여기에 소개해본다.

늦은 겨울까지 포도나무에서 언 채로 매달려 있는 포도송이를 따서 짜내어 만든 디저트와인이다. 포도 알 내부의 수분이 얼어 있기 때문에(과즙은 얼지 않는다.) 소량의 주스만을 얻어낼 수 있어서 아주 달고 집중된 맛이 있다. 아이스와인이라고 불리기 위해서는 나라마다 법이 조금씩 다르긴 하지만 독일에서는 영하 7도, 캐나다에서는 영하 8도 이하에서 얼어붙어 있어야 한다고 규정되어 있다. 오스트리아, 독일, 미국, 캐나다에서는 반드시 자연 상태에서 얼어야만 한다고 명시되어 있다. 추위가 연속적이고 지속적이지 않으면 포도 알이 썩거나 땅에 떨어져 버린다. 또 너무 춥기만 하면 포도 알이 너무 단단해져서 주스가 짜지지 않는다. 그리고 포도송이는 추운 날 이른 새벽부터 몇 시간 안에 수확해야 한다. 해가 떠올라 기온이 올라가면 얼어붙은 포도 알이 녹기 시작해서 얼었던 딸기가 녹았을 때처럼 산뜻한 과일의 맛과 향이 없어지기 때문이다. 이상기온으로 겨울이 너무 따뜻하면 그해에는 아이스와인을 생산할 수 없다. 독일에서는 10년에 6번 정도 아이스와인을 생산한다.

아이스와인은 독일에서 처음 만들어냈지만 꾸준히 찬 기온이 이어지는 겨울날씨를 가진 캐나다에서 대중화에 성공했고 최대 생산국이 되었다. 캐나다 아이스와인의 75퍼센트가 나이아가라 폭포 근처의 온타리오 주에서 생산된다. 독일에서는 리슬링 포도로 아이스와인을 만들고, 캐나다에서는 비달(Vidal)이라는 품종으로 만든다. 적은 생산량에 비해 많은 노동력이 필요하기 때문에 아이스와인의 값이 비싸질 수밖에 없다. 게다가 야생동물들이 즐겨 포도 알을 훔쳐 먹고 새떼들까지 쪼아 먹는 경우가 많아서 전기철조망이나 그물을 씌우는 데 들어가는 부대비용도 만만치 않다.

아이스와인은 잘 익은 복숭아, 배, 마른 살구, 꿀, 신과일, 무화과, 캐러멜, 초록사과 등의 맛을 지니고 있고 파인애플, 망고 같은 열대과일의 향이 풍기기도 한다. 일반 와인보다 알코올 도수가 조금 낮아서 보통 6~10도 정도 된다. 아이스와인은 샴페인처럼 5도에서 7도 사이에서 마실 때 가장 제 맛을 느낄 수 있다. 당의 함량이 워낙 높아서 발효시간도 다른 포도품종보다 훨씬 길다. 일반 와인을 발효하는 데 보통 며칠에서 2~3주가 걸린다면 아이스와인은 특별한 품종의 이스트를 사용해서 몇 달이나 발효시켜야 한다.

WINE

와인과 섹스

와인 향과 섹스

남자의 향, 여자의 향, 와인의 향

성숙한 그녀, 샤도네이

싱그러운 그의 향, 소비뇽 블랑

와인 향과 섹스

Wine 깊이 잠든 나폴레옹을 깨우기 위해 부하들이 그의 코밑에다 치즈를 대고 살랑살랑 흔들면 그는 "오, 마이 조세핀" 하며 깨어났다는 일화는 남자들 사이에서는 잘 알려진 이야기다. 남자와 여자는 각각 성적 흥분을 느끼게 하거나 끌림 현상을 유도하는 독특한 냄새가 따로 있다.

닥터 루스(Dr. Ruth)는 키가 작고 활달하며 에너지가 넘치는 70세 후반의 미국 여성으로 늦은 나이까지도 섹스에 관한 교육과 상담, 저술 활동을 한 것으로 유명하다. 그녀는 순탄치 못한 젊은 시절을 보냈지만 학문에 대한 열정을 놓지 않았다. 콜롬비아대학에서 교육학 박사를 받을 때까지 결혼을 세 번이나 했을 정도로 부부관계도 원만하지 않았다. 하지만 수다스럽고 귀엽고 순수한 모습과 섹스에 대한 솔직하고 거침없는 이야기로 미국인들에게 많은 사랑을 받았다. 다음은 어느 잡지사와의 인터뷰 내용 중 일부이다.

질문 와인이 우리들의 성생활을 더욱 즐겁게 해준다고 생각하십니까?

루스 나는 늘 사람들에게 와인은 아름다운 사랑을 나누는 밤의 한 부분이며 전희의 일종이라는 말을 합니다. 왜냐하면 와인은 우리들이 기분 좋게 무드에 젖을 수 있게 도와주기 때문이지요. 하지만 너무 많이 마시지는 말아야 합니다. 안 그러면 역효과가 나타나니까요!

질문 선생님이 좋아하시는 유혹적인 와인은 어떤 것인가요?

루스 저는 보졸레 누보(Beaujolais nouveau)와 게벌츠트레미너 그리고 양질의 캘리포니아 화이트 와인을 좋아합니다.

질문 아름다운 섹스를 위해 가장 특별한 요소는 무엇이라고 생각하시는지요?

루스 서로에 대해 아는 것입니다.

질문 성공적인 부부관계의 비밀은 충분한 와인과 섹스 외에 또 어떤 것이 있을까요?

루스 서로 존경심을 갖는 것입니다. 그리고 각자가 나름대로 다른 취미생활을 하는 것도 좋습니다. 물론 서로의 세계를 침범해서는 안 되겠지요.

루스 박사는 상대방에 대한 존경심에 와인이 곁들여지는 것이 두 사람의 성적 관계를 증진시키는 데 중요하다고 말한다. 굳이 그녀가 한 말이 아니더라도 와인은 온갖 상황을 연출하는 데 거의 빠지지 않는 특별한 음료다. 그중에서도 특히 배우자와 함께하는 아름다운 밤을 준비할 때 가장 먼저 떠올리게 되는 것이 와인이다. 그렇다면 와인과 섹스는 도대체 어떤 점에서 서로 연관되어 있는 것일까?

와인은 두 가지의 강력한 매력이 있다. 하나는 알코올에 관한 것이다. 와인에 있는 알코올 성분은 기분을 서서히 좋아지게 해주고 분위기를 북돋아준다. 또 다른 하나는 와인만이 가지고 있는 향의 특수성이다. 그리고 이것이 바로 남자와 여자, 와인, 섹스의 신비한 방정식을 성립시키는 가장 근본적인 요인이다. 이것을 좀 더 쉽게 이해하려면 먼저 인간의 기본적인 감각기능을 살펴볼 필요가 있다.

사람의 이마 바로 밑에는 매우 미세한 감각기관인 후각뿌리가 연결되어 있다. 코의 뒷부분에서 두 눈 사이에 자리 잡고 있는 이 후각기관은 향에 대한 정보를 처리하는 곳이다. 미세한 냄새 감각기관은 콧구멍 안에서 거꾸로 매달린 듯한 모습으로 호흡을 통해 들어오는 향을 감지한다. 그 과정을 우리는 '냄새 맡는다'라고 얘기한다. 감지된 냄새 정보는 두뇌로 전달된다. 이 두 과정은 거의 동시에 일어나는 현상이다. 우리 신체에서 냄새만큼 직접적이고 빨리 처리되는 정보는 없다. 후각은 다른 동물들과 마찬가지로 우리가 주변 환경을 어떻게 인식하는가에 대한 중요한 단서가 된다. 우리는 후각을 통해 세상을 이해한다. 진화론적 입장에서 보면 후각기능이 인간의 앞이마의 크기와 모습을 형성하는 데 영향을 끼쳤다고 한다.

이마 앞쪽에는 냄새를 감지하는 후각과 두뇌의 정서적이고 감성적인 부분을 처리하는 부분이 같이 자리 잡고 있다. 그 둘은 한데 연결되어 있어 냄새를 맡는 것과 동시에 사랑, 섹스, 욕망, 달콤했던 연애, 가슴 아픈 이별의 기억 등 우리에게 남아 있는 강력한 기억들을 끌어올린다. 헤어진 첫사랑이 무슨 옷을 입었는지는 기억하지 못해도 그에게서 풍기던 향수나 샴푸 냄새는 오랫동안 잠재되어 있다가 어느 순간 냄새를 통해 기억되는 것이다.

남자의 향, 여자의 향, 와인의 향

Wine 한 잔의 와인에서 풍겨 나오는 향은 많은 성분으로 구성되어 있는데 공기와 접촉하면서 신비한 작용을 일으키기 시작한다. 욕망과 느낌이 축적되어 있는 무의식의 기억 창고를 열어주는 것이다. 흙, 짚단, 버터, 검은 딸기, 삼겹살, 풀, 약초, 가죽, 계피 같은 표현은 성적인 얘기와는 아무 관계가 없는 듯하다. 하지만 막상 알코올의 생리학적이고 심리학적인 효과가 더해졌을 때는 그 냄새가 바뀌면서 아무리 마음에 안 들었던 상대라도 김태희나 권상우 같은 모습으로 보이게 만들어준다. 그리고 그러한 작용을 하는 것이 꼭 비싼 와인이어야 하는 것도 아니다.

물론 그 가능성은 당신과 상대방 사이를 연결하고 반응하는 화학적 메시지에 달려 있기도 하다. 그 화학적 신호를 페로몬(Pheromone)이라고 부른다. 페로몬은 그리스어로 '운반하다'라는 뜻의 'pherein'과 '자극하다'라는 뜻의 'hormone'의 합성어로, 같은 종의 동물들이 서로 의사소통에 사용하는 화학적 신호를 말한다. 체외 분비성 물질이며, 경보 페로몬, 음식 운반 페로몬, 성적 페로몬 등 행동과 생리를 조절하는 여러 종류의 페로몬들이 존재한다.

최근의 연구조사와 약간 과장된 미국의 어느 마케팅 광고에 따르면 어떤 종류의 포도, 특히 피노 느와에 있는 페로몬은 유난히 인간의 성(性) 페로몬과 흡사하다고 한다. 피노 느와에서 느낄 수 있는 냄새들 즉, 매콤함이랄지 흙이나 야생동물 또는 볏짚 같은 것들에서 나는 냄새가 테스토스테론이라고 불리는 남성의 기본적인 체취와 유사한 냄새라는 것이다. 새로 만든 참나무통 속에서 숙성되었을 때 맡을 수 있는 나무냄새와 트러플(truffle 송로버섯)은 테스토스테론과 유사하다. 이것이 참나무통에서 깊게 숙성된 와인이 왜 전 세계적인 열광을 받는지를 설명해주는 것일지도 모른다. 어쩌면 썩은 것 같은 바닐라와 나무냄새가 풍기는 카베르네 소비뇽이 유명해진 이유에 대한 설명이 될 수도 있다. 테스토스테론이 남성의 기본적인 냄새라면(여성에게서는 아주 조금만 생성된

다) 여성의 냄새에는 어떤 특징이 있을까?

미국 의사인 존 아무어가 개최한 '인간의 후각에 관한 세미나'에서는 여성의 기본적인 냄새를 구성하고 있는 것은 트리에틸아민(Triethylamine)과 이소발레르산(Isovaleric acid)이라고 말했다. 다시 말해 생선이나 치즈냄새 같다는 뜻이다. 생선 냄새는 와인에서 찾아보기 힘들지만 이소발레르산 같은 것은 어떤 와인에서나 특히 발포성 와인과 치즈에서 비슷하게 나타난다.

2005년 연합뉴스 기사에는 여성들이 배란기에는 무의식적으로 강한 남성에게서 풍기는 냄새를 선호한다는 연구결과가 소개되었다. 체코 프라하의 연구진이 48명의 남자들에게 자신이 얼마나 지배적인지를 스스로 판단해보라고 주문한 뒤 겨드랑이에 면으로 된 솜을 24시간 동안 끼고 있게 했다. 그리고 65명의 여자들 앞에 그 솜을 내놓고 냄새의 강도와 성적 매력, 남성성을 평가해보게 했더니 배란기에 있는 여성들은 자기 자신을 지배적이라고 평가한 남성들의 냄새를 가장 섹시하다고 답했다. 배란기 중인 여성들, 특히 평소에 성관계를 맺고 있는 여자들일 경우 그러한 답변이 두드러졌고 배란기가 아닌 여성들에게서는 그런 패턴을 발견할 수 없었다. 반대로 배란기가 아닐 때는 오히려 사회적으로 적절한 다른 조건의 남성을 선호했다. 영국 노섬브리아대학교의 닉 니브 박사도 사람의 체취나 페로몬은 남녀 관계에서 매우 복잡한 역할을 한다면서 여자들이 지배적이고 강한 남자에게서 나오는 페로몬을 더 선호하는 것으로 나타난 자신의 연구 결과를 소개했다.

한 잔의 훌륭한 샴페인이나 부르고뉴 와인은 우리를 황홀하게 만든다. 만약 한 잔의 와인에서 풍겨 나오는 페로몬 성분의 특징이 아니었다면 우리가 지금 와인에 대해서 이렇게까지 많은 얘기를 나누고 있지도 않을 것이고, 성적인 행위 역시 그저 단순한 동물적 행위로만 남아 있었을지도 모른다. 그러므로 와인과 성에 대한 모든 이야기는 결국 우리가 와인을 지성적으로 즐길 때에 즐거움이 더욱 깊어지고 풍요로워진다는 뜻이다. 지성적이란 이해를 뜻한다. 와인은 아무도 없는 산꼭대기에서 6월의 신선한 바람을 맞으며 걸친 옷을 모두 던져버린 채 완전한 누드가 되어 태양 아래 누워보는 것처럼 온갖 격식과 체면을 던져버리고 아무 선입견이나 지식이 없는 상태에서 즐기는 것이 훨씬 더 만족스러울 수 있다.

성숙한 그녀, 샤도네이

Wine 샤도네이는 전 세계에서 카베르네 소비뇽, 멀로, 아이렌(Airen), 템프라니요에 이어서 다섯 번째로 많이 재배되는 품종이며, 미국에서 가장 많이 판매되는 화이트 와인이다. 유명한 프랑스의 화이트 버건디도 이 품종으로 만들고 샴페인 지방의 주요 품종이기도 하다. 샤도네이가 그토

록 인기가 좋은 이유는 웬만한 기후에도 잘 적응할 뿐만 아니라 아사삭한 파란 사과에서 느낄 수 있는 새큼한 산과 차가운 금속 같은 맛, 그리고 흙의 느낌이나 열대과일에서 느낄 수 있는 다양한 맛이 나기 때문이다. 그 밖에 버터맛도 나고 풍부한 질감이 느껴져서 거의 모든 요리와 잘 어울린다. 영국에서는 샤도네이가 여성의 이름으로 쓰이기도 한다.

샤도네이를 마실 때마다 성숙한 여인 같다는 생각이 든다. 황금색을 띤 연한 초록 포도 알은 주스 때문에 끈적거리고 벌들이 뜯었던 흔적이 남아 있으며 더운 여름날의 뜨거웠던 열기까지 그대로 느낄 수 있다. 입안에서 풍부하고 충분히 익은(ripe) 포도 알의 맛과 부드럽고 느끼한 맛도 느낄 수 있고, 가볍게 구운 것 같은 맛(toasty)이나 버터사탕(butterscotch) 같은 맛, 바닐라 맛도 나며 크리미하고 거의 씹을 수 있을 것 같은 느낌이 입안에 가득해진다. 또한 자몽이나 파인애플 향이 나기도 하고 햇사과의 상쾌한 산도와 레몬 향, 엷은 꿀맛도 느껴진다. 그리고 그 맛은 어떤 특정한 것에 집중되어 있다기보다는 복잡하고 풍부한 맛이 넓게 퍼져 있는 느낌이다. 목을 타고 넘어가고 나서도 가볍고 깨끗한 맛이 오랫동안 남는 것이 특징이다.

샤도네이 와인의 맛을 이야기할 때 중요하게 거론되는 것은 오크통에서의 발효와 숙성이다. 최근에는 많은 와인 메이커들이 샤도네이를 레드 와인처럼 오크통에서 숙성시키기를 좋아하는데 좀 더 깊고 복잡한 맛을 내기 위해서다. 하지만 그렇게 숙성시켰을 때 잘못하면 섬세함을 넘어 너무 강한 맛이 날 수 있어서 너무 지나치지 않게 주의해야 한다. 포도의 주스는 오크나무와 접

축하면서 복잡 미묘한 맛을 띠게 되는데 이것은 마치 된장국을 끓일 때 된장 말고도 파, 마늘, 양파, 감자 등을 첨가하는 것과 같은 얘기다.

오크나무의 종류는 여러 가지지만 어느 와인 메이커나 보통은 아메리칸 오크(American oak) 한 종과 프렌치 오크(French oak) 두 종 가운데 선택한다. 프렌치 오크가 우아하고 섬세한 맛을 준다면 아메리칸 오크는 보다 극적인 맛을 더해준다. 나파 밸리에 있는 유명한 와이너리의 하나인 실버 오크 와이너리(Silver Oak Winery)에서는 아메리칸 오크만을 쓴다. 어떤 종류의 통을 선택하고, 그 안을 얼마만큼 그슬리며, 얼마 동안을 숙성시키느냐 하는 것은 모두 와인 메이커의 개성과 철학에 달려 있다. 와인 메이커는 요리사나 주방장 같은 사람이다.

기본적으로 화이트 와인의 가장 중요 포인트는 신선하고 순수한 과일 맛을 그대로 살리는 것이다. 그래서 어떤 와인 메이커는 오크통에서의 숙성을 생략하고 스테인리스 통에 담아 발효만을 고집하기도 한다. 그런 와인은 복잡하고 깊은 맛에서는 뒤질지 모르지만 신선하고 꽃향기를 지니고 있으며 상쾌한 느낌과 함께 산도가 산뜻하고 생동감을 준다. 샤도네이는 냉장고에서 막 꺼냈을 때의 차가움보다는 꺼낸 후 10분 정도 지난 뒤의 온도에서 마시는 것이 가장 맛이 좋다.

뉴질랜드의 어느 와인 메이커는 "샤도네이는 와인업계의 매춘부라고 할 수 있다. 이 품종으로는 드라이한 샤블리에서부터 묵직한 오크향이 나는 와인에 이르기까지 어떤 와인도 만들 수 있다."고 말했다. 샤도네이는 그 정도로 원만하고 성숙한 느낌을 주기 때문에 곁에 있으면 늘 좋은 사람처럼 식탁에서 언제나 찾게 되는 와인이다.

그렇다면 훌륭한 샤도네이에는 어떤 특징이 있을까?

- 일반적인 샤도네이에서 느낄 수 있는 특징의 범위를 약간 더 넘어선 와인
- 단순히 마시는 것이 아니라 기분 좋은 경험을 주는 와인
- 전에는 느껴보지 못했던 특별한 느낌을 주는 와인
- 와인 메이커가 얘기하려고 하는 것을 개성 있게 나타내주는 와인
- 무언가를 얘기할 수 없다고 생각하는 당신을 무언가를 얘기할 수 있게 만드는 와인. 와인 메이커가 음식에 곁들여 먹기에 적당한 와인을 만들기 위해 애를 썼다는 것을 알 수 있도록 특히 레몬맛과 산뜻한 신맛이 나는 와인
- 와인 메이커가 오크통 숙성을 선호하며, 포도 알의 품질에 자신이 있었다는 것을 알 수 있는 크리미한 맛이 나는 와인
- 어떤 점에서든 반드시 당신을 깨닫게 해주는 와인

싱그러운 그의 향, 소비뇽 블랑

Wine 소비뇽 블랑은 맑고 창백한 연두 빛을 띤다. 긴 겨울을 지내고 봄에 솟아오르는 여린 연두 이파리, 투명한 풀잎 같은 색이다. 프랑스 보르도가 원산지이며 프랑스어인 쏘바주(sauvage) 즉, 영어로 와일드(wild)라는 뜻과 희다(blanc)라는 말이 합쳐진 단어다. 상큼하고 단순해서 쉽게 친해질 수 있

는 와인이다. 소비뇽 블랑에서는 어린 시절 봄 동산을 뛰어다니다가 생각 없이 꺾어 들고 냄새를 맡곤 했던 분홍 진달래 향을 느낄 수 있다. 언제나 소리 없이 다가오는 봄은 소비뇽 블랑을 생각나게 한다.

프랑스의 보르도와 르와르(Loire) 지방, 캘리포니아와 호주, 뉴질랜드 등에서 많이 재배되는 소비뇽 블랑은 척박한 토양에서 잘 자라며 뜨거운 낮과 차가운 밤을 좋아한다. 샤도네이와는 개성이 매우 다르다. 라임, 풀잎, 피망, 약초 등의 초록 과일과 채소의 특징이 나타나기 때문에 누구라도 쉽게 차이점을 얘기할 수 있다. 산도가 비교적 높고 드라이하게 만들어져서 샐러드에 곁들여도 좋고 생선요리나 치즈에도 잘 어울리고 초밥과 함께 마셔도 좋다.

프랑스의 소비뇽 블랑은 세계적인 명성을 가지고 있다. 기온이 찬 바닷가에서 내륙지방에 이르기까지 다양한 조건에서 만들어지고 있다. 하얀 분필 같은 흙에서 나오는 소비뇽 블랑은 풍부하고 복잡한 맛이 나고 그런 흙이 상대적으로 적은 지역에서는 보다 섬세하고 짙은 향이 담긴다. 르와르 강가의 자갈 많은 흙에서 나온 소비뇽 블랑은 미네랄 향과 매운 맛, 그리고 꽃의 향기를 품고 있다. 반면에 보르도 지방에서 나온 것은 과일 맛이 풍부하다.

뉴질랜드의 말보로 지역에서 나오는 소비뇽 블랑은 특히 새콤하고 향기로운 과일의 맛과 향이 넘치도록 풍부해서 세계적인 사랑을 받고 있다. 1819년에 영국의 사무엘 말스덴이라는 목사가 최초로 교회에 백 그루의 포도나무를 심은 것이 그 효시다. 뉴질랜드의 차가운 해양성 기후는 청포도가 충분한 산도를 띨 수 있게 해준다.

온도가 낮은 곳에서 재배된 소비뇽 블랑은 산도가 조금 높고, 풀잎이나 초록 파프리카, 열대과일의 맛과 향도 약하게 지니고 있다. 따뜻한 곳에서 자란 것은 자몽이나 복숭아, 망고나 파인애플 같은 열대과일의 맛과 향이 조금 더 강하다. 스쳐가는 바람이 털어내는 꽃향기를 느낄 수 있고 향초와 방금 자른 것 같은 신선한 풀냄새는 훌륭한 소비뇽 블랑이라면 반드시 지니고 있는 개성이다. 속이 붉은 자몽이나 초록 햇사과, 레몬과 노란색 멜론, 파파야 그리고 과일 꽃에서 채취한 꿀맛 같은 것도 느낄 수 있다.

캘리포니아에서는 1968년 로버트 몬다비(Robert Mondavi)에 의해 후메 블랑(Fume Blanc)이라는 새로운 이름으로 탄생했다. 그는 소비뇽 블랑이 신선한 풀잎의 맛과 향을 다소 강하게 지닌 품종이어서 처음으로 오크통 숙성을 시도해서 성공했다. 덕분에 부드러운 멜론 맛과 열대과일의 맛과 향이 와인에 풍부하게 담기게 되었다. 로버트 몬다비의 대표 화이트 와인이며 그곳에서 가장 많이 팔리는 품종이다.

소비뇽 블랑은 전통적으로 깨끗하고 신선하다는 특징을 지키기 위해 주로 스테인리스 통에 넣어서 만들어졌지만 최근에는 더 깊고 복잡한 맛을 내기 위해 오크통을 이용한 숙성을 시도하고 있다. 어떤 통에 담아 숙성하든 소비뇽 블랑을 나타내는 대표적인 단어 둘은 '신선함'과 '신과일의 맛과 향'이다.

봄에는 심장이 빨리 뛴다. 부드러운 바람이 굳어져 있던 가슴을 깨우기 때문이다. 생명의 힘을 지니고 있는 봄은 사랑과 기쁨, 그리움 같은 것들을 함께 가지고 온다. 봄이 화사해질수록 마음은 더 쓸쓸해지고, 아름다운 음악을 들을 때 눈물이 나는 것은 왜일까. 아름다움의 근원이 슬픔이기 때문일까. 빈 바닷가, 초록 벌판, 장미꽃잎, 구름과 하늘, 무심한 바람, 침묵하는 나무들처럼 공간을 가지고 있는 것들은 아름답다. 바람도 조심스럽게 지나가는 적막한 정원에 앉아 풀잎, 복숭아와 살구, 신과일의 향이나 방금 깎은 잔디의 냄새, 갑자기 내리는 비가 적시는 마른 땅의 흙냄새를 맡으며 투명한 연초록빛의 소비뇽 블랑을 따르다 보면 어느 봄날 떠나버린 그의 싱그러운 향이 생각난다.

WINE

바람 같은 사랑

슬픈 날엔 샴페인을

카베르네 소비뇽, 사랑, 그리고 결혼

비오는 날의 재즈와 멀로

피노 느와와 참된 사랑

다시 가을이 오면 메리티지를

오래된 사랑 노래와 시라

떠나기, 머스캣과 함께

슬픈 날엔 샴페인을

축제, 결혼식, 피로연, 승리, 건배……. 샴페인을 이야기할 때면 언제나 먼저 떠올려지는 단어들이다. 샴페인은 늘 즐겁고 행복한 순간에 등장한다. 빛나는 황금색과 화려하게 피어오르는 작은 방울은 입에서만이 아니라 뱃속에 들어가서도 황홀한 느낌을 주는 발포성 와인이다. 샴페인은 반드시 프랑스의 샴페인(Champagne 샹파뉴) 지방에서 만들어지고 샴페인 방식으로 양조된 것에 한해서만 샴페인이라고 부를 수 있다. 따라서 미국에서는 스파클링 와인 혹은 버블 와인이라고 부르고, 스페인에서는 카바스(cavas), 이태리에서는 스푸만테(spumante), 독일에서는 젝트(sekt)라고 부른다.

샴페인은 프랑스 북부에 있는 지역이다. 파리에서 북동쪽으로 약 150킬로미터, 북위 49도상에 위치해 있다. 겨울은 춥고 여름은 덥지 않고 따뜻한 편이다. 그래서 포도의 당분이 낮아 알코올의 함유량이 낮은 대신 산도가 높다. 그런데 이것이 발포성 와인을 만드는 데는 이상적인 조건이다. 이 지역의 토질은 마치 칠판에 쓰는 백묵 같다.

샴페인을 만들 때는 그들의 법에 따라 붉은 품종인 피노 느와와 피노 뫼니에(Pinot Meunier) 그리고 흰 품종인 샤도네이 세 가지 품종만을 사용해야 한다. 흰 품종을 이용해서 만든 것을 블랑 드 블랑(Blanc de Blancs = White from Whites)이라고 하고, 붉은 품종으로 만들어진 것을 블랑 드 느와(Blanc de Noirs = White from Reds)라고 한다. 샴페인 지역이 아닌 다른 곳에서 만들어진 와인을 이렇게 표현했다면 단순히 붉은 품종이나 흰 품종의 포도를 썼다는 뜻이라고 볼 수 있다.

발포성 와인을 만들 때는 어떤 포도와 어떤 포도를 섞어 쓸지, 즉 블렌딩이 중요하다. 블렌딩이란 연도나 품종, 생산지가 서로 다른 와인을 선택해서 혼합하는 것을 말한다. 샴페인은 처음에는 산이 많이 함유되어 신맛이 지배적이지만 대부분의 사람들은 이러한 산미의 미묘한 차이를 인식하지 못하기 때문에 블렌딩을 하는 것이다.

투명한 황금색을 띠는 샴페인의 75퍼센트 정도는 붉은 포도를 사용한다. 그래서 압착은 샴페인을 만드는 데 매우 중요한 과정이다. 붉은 포도의 껍질이 뭉개지기 전에 신속히 처리해서 붉은색이 배어나오는 것을 막아야 하고 너무 강하게 압착해서 필요 이상의 타닌이 추출되어서도 안 된다. 어떤 품종의 포도를 어떻게 섞든 처음 압착되어 나오는 80퍼센트 정도의 주스를 상급으로 치며 이것을 퀴베(cuvee)라고 부른다.

샴페인 하면 떠오르는 가장 유명한 인물은 3백 년 전 베네딕틴수도원의 동 페리뇽(Dom Perignon) 수도사일 것이다. 그는 거의 장님이었으며 술을 잘 마시지도 못했다. 그러나 뛰어난 후각을 가진 그는 최초의 전문 블렌더(blender)로서 블렌딩을 통해 와인의 맛을 향상시키는 데 크게 공헌했다. 탄산가스를 병 안에 잡아넣는 방법을 처음으로 고안해낸 것도 바로 그였다. 그의 이름을 딴 '동 페리뇽'은 지금도 세계 최고의 샴페인의 하나로 꼽힌다. "빨리들 오게! 나는 지금 하늘의 별들을 맛보고 있다네!" 그가 처음 샴페인을 만들어 첫 모금을 마시면서 한 말이었다.

샴페인은 보통 식사 전에 입맛을 돋우기 위해 마시지만 디저트 코스에도 잘 어울린다. 샴페인 잔은 얇고 투명하고 가는 것으로 긴 튤립 모양으로 되어 있는 것이 좋다. 거품을 오래 머물게 하고 향을 한곳에 잡아둘 수 있기 때문이다. 샴페인은 보통의 화이트 와인보다 살짝 더 차게 마실 때 맛이 더 좋다.

인생은 좋은 날로만 채워져 있지 않다. 사랑하는 사람도 떠나 버리고 아무것도 어제와 달라진 것이 없을 때 샴페인 한 잔은 위로가 될 수 있다. 샴페인이 슬픔을 가져가주지는 않겠지만 아지랑이처럼 피어오르는 거품을 바라보고 있노라면 잠시나마 아픔을 잊게 해준다. 슬픔을 가만히 들여다보면 그것은 우리에게 기쁨을 주었던 것으로 이루어져 있다는 것을 알게 된다. '비 오는 거리, 창밖의 겨울나무, 흐린 하늘 밑의 노란 개나리, 엔야의 음악…….' 슬픔과 기쁨은 늘 함께 있으며 그 본질도 하나인 것을 알게 된다.

훌륭한 샴페인은 꿀이나 이스트, 초콜릿과 버섯 같은 향, 사과와 레몬, 딸기와 멜론, 체리, 자두 같은 과일의 맛을 느낄 수 있다. 그리고 그보다 더 훌륭한 샴페인은 슬픔처럼 피어오르는 거품을 안고 살아 있는 것이다. 기쁨과 슬픔이 서로 다른 것이 아니듯 거품과 맛도 따로 가지 않으며 거품 속에 샴페인이, 샴페인 속에 거품이 함께 녹아 존재하는 것이다.

INFO

샴페인에 대한 흥미 있는 사실들

▶ 샴페인 병 안의 압력은 자동차 타이어의 내부 압력보다도 세 배나 높다. 샴페인의 코르크 마개를 땄을 때 내부의 압력 때문에 강력하게 튕겨 나가는데 그것을 속도로 따졌을 때 시속 64킬로미터나 된다. 그래서 샴페인을 딸 때는 천 같은 것을 씌워 조심스럽게 비틀어가며 열어야 한다. 지금까지 기록되어 있는 최고 거리는 54미터다.

▶ 지금까지 나온 15편의 007영화[맨 마지막 편은 스펙터(Spectre)]의 주인공 제임스 본드는 영화에서 언제나 볼린저(Bollinger) 샴페인을 주문하는데 주로 여인과 함께 있을 때였고, 언제나 "볼린저, 약간 차게, 잔은 두 개로!"라는 말로 주문했다. 그러나 볼린저 회사와 영화제작자 사이에는 어떤 금전적 계약관계도 없었다고 한다.

▶ 미국의 존 에프 케네디(John F. Kennedy) 대통령과의 염문설로 유명했던 육체파 여배우 마릴린 먼로는 350병의 고급 샴페인으로 목욕을 즐기곤 했다고 한다.

▶ 샴페인은 천천히 마셔야 하는 음료다. 피어오르는 샴페인의 버블 즉, 거품이 체내 혈관에 알코올을 급속하게 유입시키기 때문이다. 조금씩 음미하며 입안에서 거품을 살짝 녹인 후에 삼키면 좋다.

▶ 가장 큰 사이즈의 샴페인 병을 멜기세덱(Melchizedek)이라고 부르는데 샴페인 30리터(30,000ml)가 들어간다. 일반적인 스탠더드 사이즈가 750ml이니 스탠더드 40병에 해당하는 양이다.

▶ 스탠더드 사이즈의 고급 샴페인의 경우, 대략 4천9백만 개의 거품이 피어오른다고 한다.

▶ 이제는 누구라고 할 것도 없이 전 세계 곳곳에서 좋은 샴페인을 만들어낸다. 하지만 품질이나 전통에서는 아직도 여전히 프랑스 샴페인에 대적할 만한 것이 없다.

▶ 데임(Dame)이라는 작위를 받은 프랑스의 마담 릴리 볼린저(Lily Bollinger)는 다음과 같이 말했다. "나는 행복할 때 샴페인을 마신다. 슬플 때도 마신다. 가끔은 혼자 있을 때 마신다. 누군가와 함께 있을 때도 마셔야만 할 것 같은 기분을 느낀다. 배가 고프지 않을 때는 샴페인을 가지고 논다. 하지만 배가 고프면 마신다. 그렇지 않으면 나는 결코 샴페인을 건드리지 않는다. 목이 마르지 않는 한."

▶ 자동차 경주에서 우승을 한 사람이 커다란 샴페인을 축포 쏘듯 쏘아댄

다. 그런 전통은 1967년 프랑스 르 마(Le Mans) 시에서 세계적으로 유명한 24시간 자동차 인내(endurance) 경주인 F1그랑프리(Formula 1 Grand Prix)가 열렸을 때 처음으로 생겨났다. 샴페인 전문회사 모에 에 샹돈(Moet & Chandon) 사에서 당시 우승자인 댄 거니(Dan Gurney)에게 샴페인을 증정했는데 그가 처음으로 했던 세레모니가 오늘날까지 전통으로 이어진 것이다.

▶ 샴페인 병 라벨에 쓰여 있는 브룻(Brut), 엑스트라 부룻(Extra Brut)은 달지 않다는 뜻인데 달지 않다기보다는 덜 단 것이다. 섹(Sec)은 드라이보다는 달지만 여전히 드라이 쪽에 가까우며 드미 섹(Demi Sec)은 달다는 뜻이다.

카베르네 소비뇽, 사랑, 그리고 결혼

Wine 캘리포니아나 프랑스 그리고 세계 각국에서 재배되는 수백 가지나 되는 붉은 포도 중에서도 카베르네 소비뇽은 가장 대중적이며, 훌륭한 와인으로 만들어지는 품종이자 가장 많이 재배되는 품종이다. 이 품종으로 만든 와인이 세계적으로 유명한 것들이 많다. 프랑스의 유명한 보르도 지역의 최상급 와인인 프르미에 크뤼(Premiers Crus)나 매우 비싸고 사기도 힘든 캘리포니아의 컬트(cult) 와인이 모두 이 품종으로 만들어진다.

껍질이 두껍고 해충에도 강한 이 품종은 타닌이 풍부해서 오래 숙성시킬 수 있고 숙성시킬수록 원숙한 맛이 나며 복잡하고 다양하고 깊은 맛으로 구성되어 있어서 음식의 맛을 더욱 돋워주기 때문에 저녁 만찬에 자주 오르는 가장 클래식한 레드 와인의 하나다. 진한 향나무나 연필심에서 나는 냄새와 바이올렛과 라일락의 향기도 맡을 수 있는 카베르네는 어떤 집중력 같은 것이 있다. 이런 점에서 멀로와 뚜렷이 구분된다.

최상급 카베르네 소비뇽은 매우 짙고 밀집된 맛이 나며 숙성되면서 더욱 부드러워진다. 또 거의 씹을 수 있을 것 같은 질감과 우아한 조화, 특별한 개성이 느껴진다. 카베르네 소비뇽은 비교적 오래 가는 와인이기도 하다. 완전한 극치에 이르려면 최소한 10년, 길게는 20년이 걸릴 수도 있다. 한 사람이 원숙해지기까지 많은 시간이 걸리는 것과 같다.

'여자의 입장에서 볼 때 남자란 좋은 와인과도 같다. 남자들은 모두 포도처럼 시작된다. 그리고 여자로서 우리들의 할 일은, 저녁식사 때 함께하고 싶은 어떤 것이 되도록 그들이 숙성될 때까지 밟아 다지고 어두운 곳에 저장하는 일이다.'라는 말이 있다. 비꼬는 듯한 이 말에는 남성에 대한 여성의 애증(愛憎)의 마음이 담겨 있다.

여자가 처음 남자를 대할 때는 호기심과 신중함 그리고 약간의 경계심으로 다가서는 반면 남자들은 대부분 여성다움이나 아름다움 혹은 섹시함을 먼저 느끼고 싶어 한다. 일반적으로 남자들의 성적 본성은 여자보다 강한 것 같고 동물의 수컷들과도 크게 다르지 않게 느껴진다. 여자들은 자신의 분신을 잉태하고 출산하고 키우는 일이 인생에서 절대적인 비중을 차지하기 때문에 남자에게 다가서는 데 조심스러울 수밖에 없는 것이다. 그런데 인간의 동물적 본성은 성에 대한 욕구와 식욕 외에도 이기심, 투쟁 등에서도 잘 나타난다. 게다가 사람은 모략과 술책, 거짓말, 권력에 대한 탐욕, 과욕까지 부리기 때문에 경우에 따라서는 동물보다 더 잔인하고 저급해진다.

73억 명 이상이 사는 지구상에 인간은 오직 남성과 여성의 두 종류뿐이지만 그 성향은 서로 완전히 다르다. 낯선 누군가로부터 섹스를 제안받았을 때 남자는 네 명 중 세 명이 '예스'라고 답한 반면, 여자들의 대부분은 불쾌한 표정으로 '노'라고 거절한다고 한다. 남자는 되도록이면 많은 섹스의 기회를 포착해서 자손을 번식시키도록 진화해온 반면 여자는 자칫 일 년 가까운 임신 기간을 감수해야 할 수도 있기 때문에 판단이 그만큼 조심스러울 수밖에 없는 것이다.

금세기 영적 스승의 하나라고 할 오쇼 라즈니쉬의 여성에 대한 견해는 애정이 넘친다. 그는 여자가 남자보다 성스러운 것에 더 가깝고 머리보다 가슴이 더 발달해 있으며 사랑할 줄 안다고 말했다. '여성은 논리가 아니라 사랑을 알기 때문에 훨씬 더 열려 있고 가능성이 있다. 사랑의 법칙은 우리의 삶에서 최고의 법칙이며 논리에 입각한 법칙은 가장 낮은 법칙이다. 남자는 먼저 지적으로 확인시켜주거나 논리적으로 이해시켜줄 필요가 있다. 그러나 사랑은 그 논리를 초월한 것이다. 남자는 가장 낮은 곳에서 출발한다. 그래서 사랑의 열정에 도달하려면 긴 사닥다리를 올라가야 한다. 그리고 남자는 먼 길을 택한다. 그래서 지치고 기운 없고 슬픈 모습으로 돌아온다. 하지만 여자들의 접근 방식은 완전히 다르다. 여자는 지름길을 택한다. 바로 사랑의 길이다. 이 길은 한걸음만으로도 충분하다. 한걸음만 내디디면 집에 도착한다. 한걸음이라는 것도 사실은 이해를 돕기 위해 하는 말이지, 실제로는 한걸음조차 필요가 없다.

우리들은 사랑에 빠지면 결혼한다. 물론 사랑에 빠지지 않아도 결혼을 한다. 많은 경우 진실한 사랑을 알기도 전에 결혼을 한다. 사랑의 신비를 미처 알지 못한다. 단순히 욕망 같은 것을 사랑이라고 부르기도 한다. 그래서 몇 주 또는 몇 달 만의 만남 끝에 성사되는 연애결혼은 어쩌면 욕망의 귀결일 수도 있고 인생을 건 모험일 수도 있다. 사랑은 맹목적이지 않다. 진정한 사랑은 마음 깊은 곳에 있는 영혼을 불러일으키며 통찰력을 준다.

사랑은 숙성된 카베르네 소비뇽처럼 오랜 시간이 흐른 뒤에야 느끼게 되는 것인지도 모른다. 젊었을 때의 우리는 맹렬히 타는 불처럼 뜨겁고 빨랐다. 사랑도 그랬다. 사랑이 성숙하기도 전에 만났고 헤어졌고 정을 나눴고 슬퍼했다. 만일 당신이 지금 누군가와 사랑하고 있다면, 그리고 그와의 미래를 신중하게 생각하고 있다면 다음과 같은 칼릴 지브란의 노래를 가슴 깊이 간직하면 좋겠다.

결혼에 대하여

너희는 함께 태어났으며 영원히 함께하리라.

죽음의 하얀 날개가 너희들의 삶을 흩어놓을 때에도 너희는 함께하리라.

그렇다. 신의 고요한 기억 속에서도 너희는 함께 있으리라.

그러나 함께 있되 거리를 두라.

그래서 하늘의 바람이 너희들 사이에서 춤추게 하라.

서로 사랑하라. 그러나 그 사랑으로 구속하지는 말라.

그보다는 너희들의 혼과 혼의 두 언덕 사이에서 출렁이는 바다가 되게 하라.

서로의 잔을 채워 주되 한쪽의 잔만을 마시지 말라.

서로의 빵을 주되 한쪽 빵만을 먹지 말라.

함께 노래하고 춤추며 즐거워하되 때로는 각자가 혼자 있기도 하라.

마치 거문고의 줄들이 한 가락에 울릴지라도 줄 하나하나는 혼자인 것처럼.

서로 마음을 주라.

그러나 서로를 마음속에 묶어 두지는 말라.

오직 생명의 손길만이 너희의 마음을 가질 수 있으니.

함께 서 있으라.

그러나 너무 가까이 함께 있지는 말라.

성전의 기둥들도 적당한 거리를 두고 서 있고,

참나무와 삼나무도 서로의 그늘 속에서는 자랄 수 없는 것처럼.

비 오는 날의 재즈와 멀로

비가 오는 날은 마음이 가라앉고 쓸쓸해진다. 젖은 거리와 비바람에 흔들리는 나무를 바라보고 있으면 애잔한 재즈 한 곡이 듣고 싶어진다.

재즈는 미국에서 노예로 살았던 아프리카 흑인들과 미국 중부지역의 식민지배자였던 프랑스인들 사이에서 태어난 음악이다. 아프리카 서쪽 해안지역에서 평화롭게 살다가 포르투갈과 스페인의 노예상인들에게 영문도 모르고 잡혀 와서 하루아침에 지옥이 되어 버린 삶을 살아야 했던 사람들의 음악인 것이다. 한순간에 모든 것이 악몽으로 변해 버렸다. 밤의 달이 사라지는 것보다도 더 큰 충격이었다. 신은 왜 자기들에게 인간이 겪을 수 있는 고통 중에서도 가장 최악의 것을 던져주었는가. 하룻밤 사이에 노예가 되어 살아가야

했던 그들의 음악이 얼핏 듣기에는 경쾌한 것 같지만 그 밑에는 슬픔이 깔려 있고 단순한 노랫말 속에는 일그러진 고통이 녹아 있다. 재즈는 자유로운 음악이다. 음악도 언어처럼 약속이기 때문에 따라야 할 음표가 있고 형식도 있다. 하지만 재즈는 음표 안에 갇혀 있기를 거부한다. 육신은 비록 땅에서만 살아야 하지만 영혼만은 자유롭고 싶은 것처럼 연주자의 자유로운 즉석 변주는 그래서 재즈의 진정한 맛인 것이다.

비 오는 날의 재즈는 멀로를 생각나게 한다. 멀로라는 이름은 프랑스어 메를러(merle), 즉 검은 새라는 뜻에서 온 것인데 멀로의 작은 포도 알이 진한 검은 색을 띠고 있기 때문이다. 멀로는 프랑스에서 가장 많이, 그리고 전 세계적으로는 두 번째로 많이 생산되는 품종이다. 타닌 성분이 많지 않고 부드러워서 보다 개성이 강한 카베르네 소비뇽 같은 와인을 원만하게 만들 수 있으며, 주로 짙은 색을 더하기 위한 혼합용으로 사용되어왔다. 멀로와 카베르네 소비뇽은 서로 잘 어울린다.

껍질이 얇은 멀로는 그 자체로도 훌륭한 와인이다. 프랑스에서는 이미 오래 전부터 뽀므롤(Pomerol)과 생떼밀리옹 등지에서 멀로를 기본으로 한 세계적인 명품을 만들어왔다. 보르도 지역의 붉은 품종 중에서도 반 이상이 멀로이다. 멀로는 대체로 부드러운 과일 향을 지니며 초콜릿이나 가죽, 담뱃잎 같은 냄새와 잘 익고 묵직한 과일 맛이 나며 타닌 성분도 덜하다. 새콤한 빨간 체리보다는 잘 익은 검은 체리의 맛과 흙냄새, 탄내 같은 것도 느낄 수 있다.

많은 사람들이 멀로를 부드럽고 유연하다고 한다. 그래서 멀로는 개성이 약하다고 여겨진다. 멀로가 확실히 카베르네 소비뇽보다는 덜 도전적인 느낌을 준다. 그 때문에 특징이 상대적으로 강하게 느껴지지 않을 수 있다. 하지만 개성을 비판할 수는 없다. 우리 모두가 서로 다른 모습으로 이 세상을 이루고 있듯 와인도 그렇다. 서로 다르기 때문에 다양한 와인의 세계가 존재하는 것이다. 개성은 곧 그만의 특징과 자유로움을 말한다.

비 내리는 날, 멀로 한 잔을 따라놓고 자유로운 바람이 되어본다. 키 큰 유칼립투스나무의 향을 흩어놓기도 하고 높이 나는 새를 떠받혀주기도 하면서 흐린 하늘 밑을 날아가본다. 우주 공간에서 내려다보면 영원한 것은 아무것도 없다. 사랑이나 고통, 물질, 명예는 물론이고 천국이나 지옥, 이 세상도 모두 영원하지 않은 것들이다. 우리는 한 번밖에 살지 못하며 그 삶은 길지도 않다. 그렇다면 '지금 이 순간'을 잘 살아야 한다.

삶은 우리에게 사랑할 기회를 주었다. 더 많은 날을 바람이 되어야 한다. 부드러운 바람이 되어 짧은 날들 모두를 사랑하는 사람의 곁에 머물러야 한다. 순간순간 깨어 있어야 한다. 봄보다 먼저 피는 노란 수선화와 파란 하늘 밑을 빠르게 달려가는 흰 구름을 느낄 수 있어야 한다. 깨어 있으면 자신을 객관적으로 볼 수 있게 되고 스스로를 객관적으로 볼 수 있을 때 이성적인 판단이 이루어질 수 있고, 이성적 판단이 이루어지면 인생을 지혜롭게 살 수 있다. 인생을 지혜롭게 산다는 것은 주변 환경에 휘둘리지 않고 마음 편히 조화롭게 산다는 것을 말한다.

INFO

아프리카 노예 교역

1450년부터 1900년까지 사백오십 년 동안 아프리카에서는 천이백만 명(혹은 천육백만 명 이상)의 노예가 납치되어 팔려나갔다. 1440년경, 포르투갈 상인들이 처음 시작해서 스페인, 영국, 네덜란드, 프랑스 등 여러 나라가 앞다투어 뛰어들었다.

그들을 유럽에 설탕을 공급하기 위한 사탕수수 재배에 필요한 노동력으로 쓰고 거기서 만들어진 물품을 공급받기 위해서였다. 처음에는 유럽에서 가장 가까운 아프리카 북서부의 흑인들을 잡아다가 팔기 시작했다. 대부분 남미와 중미에 있는 스웨덴, 덴마크, 프랑스, 영국, 독일, 포르투갈 소유의 사탕수수 농장에 노예를 제공하고 사탕이나 커피, 담배 등을 제공받는 교역의 형태로 시작한 것이다(삼각무역). 영국은 대항해시대 이래 아프리카로부터 가장 많은 노예를 납치해간 국가 중의 하나였다.

그들은 배에 태운 노예들의 가슴에 낙인을 찍었다. 옛날 서부영화에서 불에 달궈진 뜨거운 인두로 소들의 엉덩이를 지지는 것과 같은 방식이었다. 전체 승선 노예 중 10~20퍼센트나 되는 인원이 험난한 항해 중에 선상에서 죽어나갔다.

정확하게 그들은 가축 취급을 받았다. 전형적인 노예선의 여정은 10주 정도였고 한 번에 140명 내지 600명 정도를 실어 날랐다. 남자들은 쇠사슬에 묶인 채 배의 밑바닥에 갇혔고, 여자들은 쇠사슬에 묶이지는 않았지만 갑판 위에서 빨래와 청소, 음식 만들기 같은 일을 했고 백인 선원들로부터 지속적인 강간을 당해야만 했다. 아침마다 쇠사슬에 줄줄이 꿰인 노예들을 갑판 위에서 점검했다. 죽은 자는 비로소 쇠사슬에서 풀려나 바다에 던져지는 것으로 자유를 얻을 수 있었다. 가축우리와 같은 환경에서 각종 질병이 만연했다. 천연두와 이질이 주요 사망원인이었다. 한 달쯤 항해한 배는 땀과 오줌, 구토, 대변 등이 가득했고 배가 항구에 도착하기 이틀 전부터 육지에서는 그 악취를 느낄 수 있을 정도였다.

세계 각국에서 보이는 흑인들의 거칠고 무례한 모습과 행동은 백인들에 대해서 가지고 있는 뿌리 깊은 원한과 증오 때문이다. 특히 미국에서는 각종 사건 사고에서 흑인들이 경찰의 총에 맞아 죽는 경우가 많은데, 그것은 백인들에 대한 저항의식에서 때문이다. 백인경찰의 명령에 복종하는 것은 수치라고 생각하기 때문에 저항하다가 결국 총에 맞는 것이다. 인간들이 할 수 있는 일이라고는 생각할 수 없는 백인들의 반인륜적이고 비인간적인 범죄와 그들에 대한 원한은 이 세상이 끝나는 날까지는 지워지기 어려운 것이다.

그들의 최종 종착지는 브라질(3.6~5백만), 캐리비안(4~5백만), 구아나(5십만), 스페인 식민지 남미(5십만), 중미(5십만), 미국(4~5십만) 등이었다. 그것이 오늘날 그들이 중미와 남미의 주요 인종이 된 이유다. 그리고 노예교역은 오늘날에도 끝나지 않았다. 현재도 전 세계에 약 2,700만 명의 노예가 실제로 존재한다. 그들은 노동판에 팔리거나 여자인 경우에는 윤락가에 보내지며, 제삼국에서는 어린이들을 전쟁터에 내보내기도 한다.

피노 느와와 참된 사랑

Wine 겨울이 등을 보이고 돌아설 때면 그가 머물렀던 차가운 밤들이 생각난다. 칼날 같은 바람이 지나다니던 희미한 가로등 골목길이며 밤이 깊어질수록 화려하게 피어오르던 어묵국물의 수증기, 사람들로 넘쳐서 더 외로웠던 명동거리가 떠오른다. 고독했고 방황하던 젊은 시절이었지만 이

제는 그런 것들을 다시 그리워하는 나이가 되었다.

무심하게 내리는 겨울 밤비의 소리를 들으며 피노 느와를 잔에 따라본다. 피노 느와는 언제나 특별한 느낌을 준다. 피노는 덜 강하고 덜 떫으며 덜 부드럽고 풍부한 맛을 지녔다. 무엇이든 약간 덜하다는 것, 그러면서도 우아할 수 있다는 것이 피노 느와를 사랑하게 되는 이유다. 피노 느와 하면 제일 먼저 떠오르는 것이 프랑스의 샹베르땡(Chambertin)이나 뮈지니(Musigny), 로마니 꽁띠, 꼬르똥(Corton), 샴페인 등이다. 이것들은 오랫동안 세계적으로 높은 명성을 차지하고 있으며 모두 부르고뉴 지방의 햇살 맑은 꼬뜨 도르(Cote d'or) 지역에서 생산되는 와인들이다.

1990년도 중반까지만 해도 캘리포니아에서는 훌륭한 피노 느와를 만들어내지 못했다. 와인 메이커들이 맞는 땅에 재배하지 못했기 때문이다. 하지만 상황이 변했다. 지금은 캘리포니아 주와 오리곤 주, 워싱턴 주에서 매우 훌륭한 피노 느와를 성공적이고 지속적으로 만들어내고 있다. 찬 기운이 감도는 나파의 카네로스와 소노마의 러시안 리버 밸리, 멘도씨노 카운티의 산기슭, 산타마리아 밸리와 산타크루즈 등에서 우수한 피노 느와가 만들어지고 있다.

피노 느와에서 공통적으로 느껴지는 것은 흙먼지, 젖은 볏짚단, 땀 냄새 같은 것들이다. 또 비가 내릴 때 마당에서 올라오는 땅의 철분냄새와 산딸기나 체리의 맛, 라일락 향기도 느낄 수 있다.

'느낌이 풍성하고 깊은 카베르네 소비뇽이 붉은 와인의 왕이라면 피노 느와는 여왕'이라는 표현은 적절해 보인다. 그 반대로 표현하는 사람도 있지만 누가 왕이고 여왕인지는 중요하지 않다. 다만 꽉 차지 않은 듯하면서도 풍부하고 부드러워서 낭만적인 느낌이 드는 피노 느와는 카베르네 소비뇽과는 뚜렷이 구분되는 감각적이고 사랑하기 쉬운 와인이다.

'사랑하기 쉬운'이란 표현은 어쩐지 저급하게 느껴진다. 사랑이라는 것이 결국 성에 대한 욕구를 암시하는 단어에 불과한 것 같기도 하다. 쇼펜하우어는 인간의 사랑을 동물적 측면에서 냉혹하게 간파했다. 이 세상 모든 남녀의 사랑은 아무리 다른 모습을 하고 있어도 결국은 성욕이라는 본능을 근거로 하고 있다는 것이다. 인류에게 있는 종족보존의 본능이 바로 사랑이라는 행위를 통해서만 이루어지기 때문이다. 따라서 남녀 간의 엄숙하고 뼈에 사무치는 사랑의 고뇌와 환락은 궁극적으로는 인류의 종족 유지라는 대전제 아래 이루어지고 있다는 것이다. 만일 그것이 아니라면 인류는 사랑에 자기 목숨을 바치지도 않았을 것이며 사랑이 생의 목표가 되지도 않았을 것이다.

그런데 사람에게는 동물적 본성 외에 이성이라는 것이 있다. 미국의 스캇 펙 박사는 사랑은 자기 자신이나 혹은 타인의 정신적 성장을 도와줄 목적으로 자기 자신을 확대시켜 나가려는 의지라고 말한다. 사랑이 의지를 요구하는 것이라면 당연히 노력이 따라야 할 것이고 뛰어넘어야 할 한계도 있을 것이다. 참된 사랑이 힘을 다하는 노력이 필요한 것이라면 사랑은 어렵고 숭고

한 일처럼 느껴진다.

사랑을 정의하고 표현하는 것이 그리 간단한 일이 아니지만 사랑은 그 자체로서 커다란 기쁨이고 희열인 것만은 틀림없다. 그래서 사랑은 그 자체로서 가치가 있다. 우리가 고단하고 고통스러운 인생을 살아나가는 것은 사랑을 갈구하고 애태우는 삶에 길들여져 있기 때문이다. 탄생과 죽음이 우리의 존재를 말해주는 것이라면 사랑은 우리를 살아가게 해주는 것이다.

INFO

피노 느와 품종으로만 만드는 세계적인 명주 로마네 꽁띠

피노 느와를 사랑하는 사람들이라면 피노 느와를 대표하는 와인으로 프랑스 부르고뉴 지방의 명품 로마니 꽁띠를 가장 먼저 꼽지 않을 사람은 없을 것이다. 로마네 꽁띠는 백 퍼센트 피노 느와 품종으로만 만들어진다. 세계적인 명주인 로마네 꽁띠를 알기 위해서는 부르고뉴 지방에 대해 먼저 알아야 하는데, 와인 생산지역이나 구조가 워낙 복잡해서 전문가들조차 자세히 이해하기가 쉽지 않다. 간단하게 풀어서 설명해보면 다음과 같다.

Ⅴ. 프랑스에는 크게 다음과 같이 열두 개의 와인 지역이 있다.

Ⅳ. 랑구독 루시용(Languedoc-Roussillon)
보르도(Bordeaux)
론 밸리(Rhône Valley)
루와 밸리(Loire Valley)
사우스웨스트(South West)

프로방스(Provence)

샴페인(Champagne)

보졸레(Beaujolais)

알자스(Alsace)

코르시카(Corsica)

뷔제, 쥐라, 사부아(Bugey, Jura and Savoie)

부르고뉴(Bourgogne)

- 부르고뉴는 다시 아래와 같이 여섯 개의 지방으로 구성되어 있다.

Ⅲ. 꼬뜨 드 뷴(Côte de Beaune)

샤블리(Chablis)

꼬뜨 샬로네즈(Côte Chalonnaise)

마꼬네(Mâconnais)

이랑시(Irancy)

꼬뜨 드 누이(Côte de Nuits)

- 이 지방은 아래와 같이 열 개의 지역으로 구성되어 있다.

Ⅱ. 본 마르(Bonnes-Mares)

샹볼 뮈지니(Chambolle-Musigny)

픽싱(Fixin)

플라제 에세조(Flagey-Échezeaux)

쥬브래 샹베르땅(Gevrey-Chambertin)

마싸네(Marsannay)

모래 생 드니(Morey-St-Denis)

뉘 생 조르주(Nuits-St-Georges)

부조(Vougeot)

본 로마네(Vosne-Romanée)

- 이 지역은 아래와 같이 여섯 개의 와이너리로 구성되어 있다.

Ⅰ. 라 그랑드 뤼(La Grande Rue)

리쉬부르(Richebourg)

라 로마네(La Romanée)

로마네 생 비방(Romanée-St-Vivant)

라 따슈(La Tâche)

로마네 꽁띠(Romanée-Conti)

로마네 꽁띠는 1.8헥타르의 매우 작은 면적에 불과한 곳이다. 바꿔 말하면 가로가 100미터, 세로가 180미터 정도의 밭인 것이다. 사실 이렇게 작은 크기의 포도밭은 부르고뉴 지방에서는 보편적이다. 그 정도 크기의 밭에서 나오는 와인의 생산량은 연평균 450케이스에 불과해서 나무 한 그루당 와인 한 병 정도만 만들어내는 셈이다. 고급 수준의 와이너리에서 보통 한 그루당 2병 정도를, 낮은 수준의 와이너리에서도 3~4병 정도의 와인을 생산해내는 것과 비교하면 매우 적은 양이다. 로마네 꽁띠는 1980년대부터 포도를 친환경, 유기농법으로 생산해내도 있고, 땅에 충격을 덜 주기 위해 트랙터 대신 말을 이용해서 농사를 짓고 있다. 그 때문에 품질이 한 단계 더 올라섰다.

로마네 꽁띠는 처음 세인트비방(St-Vivant)수도원에서 사들였다. 가톨릭 교회에서는 미사 때 쓸 포도주가 언제나 필요했기 때문이다. 수도사들은 와인을 만드는 기술이 매우 뛰어났기 때문에 그들이 와인 산업 전반에 미친 긍정적 영향도 컸다. 여러 과정을 거친 다음 1760년에는 꽁띠(Conti) 왕자가 와이너리를 인수한 뒤 왕자의 이름을 따서 라 로마네(La Romanée)라는 이름을 붙였다. 당시로서는 상상을 초월하는 거액을 치르고 사들였음에도 불구하고 왕자는 와인을 만들어 파는 일에 그다지 흥미가 없었고, 자기만을 위한 와인을 만들어내는 데 만족했다. 1789년에 발발한 프랑스대혁명 이후 프랑스 정부는 왕자의 포도원을 압수해서 개인 투자자에게 팔아버렸다. 그리고 다시 몇 세대가 흐른 뒤 오늘날에 와서는 빌래인(Villaine) 가에서 와이너리를 소유하게 되었다. 그리고 이 가족에 의해 와이너리가 눈부신 발전을 거듭하면서 오늘날 세계적인 명주가 된 것이다.

로마네 꽁띠는 놀라운 깊이와 집중된 여러 가지 맛, 벨벳같이 부드러운 질감과 입안에서 가득한 느낌을 주는 와인이다. 보통 15년에서 25년이 지나야 그 정점에 이를 수 있다. 오래 숙성시키지 않은 젊은 피노 느와는 그 전형적인 특징인 흙이나 허브 또는 약간의 채소 향 같은 것을 느낄 수 있지만 시간이 지날수록 우아한 꽃의 향으로 바뀌며 상큼한 체리 같은 느낌을 주는 것이 특징이다. 와인 한 모금을 입에 물면 매우 복합적인 맛과 향이 입안에 머무는 것을 누구나 느낄 수 있다.

로마네 꽁띠는 백만장자나 이름이 잘 알려진 와인비평가, 언론인이나 와이너리 관계자 같은 선택된 소수의 사람들만이 구입할 수 있는 와인이다. 값도 아주 비싸서 지금까지 매겨졌던 가격을 평균해보면 병당 무려 13,000달러로 현재 거래되고 있는 세계에서 가장 비싼 와인의 하나다.

다시 가을이 오면 메리티지를

잠자리가 푸른 하늘을 헤엄치고 길가엔 다시 코스모스가 핀다. 청명한 가을은 코스모스와 함께 오며 그리움을 더욱 깊게 만든다. 오세영은 그의 시 「9월」에서 코스모스를 이렇게 노래한다.

코스모스는

왜 들길에서만 피는 것일까

아스팔트가

인간으로 가는 길이라면

들길은 하늘로 가는 길

코스모스 들길에서는 문득

죽은 누이를 만날 것만 같다

피는 꽃이 지는 꽃을 만나듯

9월은 그렇게

삶과 죽음이 지나치는 달

코스모스 꽃잎에서는 항상

하늘 냄새가 난다

문득 고개를 들면

벌써 엷어지기 시작하는 햇살

태양은 황도에서 이미 기울었는데

코스모스는 왜

꽃이 지는 계절에 피는 것일까

사랑이 기다림에 앞서듯

기다림은 성숙에 앞서는 것

코스모스 피어나듯 9월은

그렇게

하늘이 열리는 달이다

가을이 오면 우르르 굴러다니는 낙엽이 보이는 카페를 찾아 메리티지(Meritage) 한 잔을 주문해보고 싶다. 메리티지란 가치, 장점, 공(功)이라는 뜻의 메리트(Merit)와 유산, 전통을 뜻하는 헤리티지(Heritage)의 합성어로서 미국에서 생산되는 프랑스 보르도 스타일의 와인에 붙은 이름이다. 이 이름은 국제대회에서 콘테스트를 통해 선정된 것이다.

유럽과는 달리 미국에서는 와인의 이름을 포도의 품종으로 표기한다. 카베르네 소비뇽이나 샤도네이처럼 말이다. 그리고 그런 이름을 붙이기 위해서는 법적으로 그 품종이 75퍼센트 이상이 들어가야만 한다고 되어 있다. 그래서 프랑스의 보르도 와인처럼 여러 품종이 섞여서 만들어진 와인에는 특정한 이름이 붙은 적이 없었다. 그렇다고 단순하게 일반명사인 레드 와인(red wine)이나 테이블 와인(table wine)이라고 쓸 수도 없는 노릇이었다. 그런 이름은 일반적으로 평범한 저가 와인들을 일컫는 것이었기 때문이다. 그래서 저가 와인과 차별화된 고급스러운 이미지를 어필하기 위해 1980년대 말 새롭게 만들어진 이름이 메리티지이며 현재 미국에서는 두 번째로 빠르게 성장하고 있는 분야이기도 하다.

메리티지라는 이름을 사용하려면 레드 메리티지의 경우 반드시 보르도의 품종인 카베르네 소비뇽, 카베르네 프랑, 멀로, 페티 버도, 말벡 등에서 두 가지 이상을 사용해서 배합해야 하고, 화이트 메리티지는 소비뇽 블랑과 세미용, 모스카텔 등을 섞어 만들되 한 가지 품종의 포도가 90퍼센트를 넘으면 안 되는 것으로 정해져 있다. 이것은 캘리포니아 나파의 와인업자들이 메리티지 협회를 결성해 법으로 정한 것이다.

보르도의 와인이나 캘리포니아의 메리티지는 어느 한 종류의 맛이 지배적이지 않고 여러 품종을 배합해서 만든다. 그 비율은 와이너리의 전통과 철학에 따라 다양하게 적용된다. 하지만 배합을 어떻게 하든 카베르네 소비뇽과 멀로는 거의 언제나 주요한 품종으로 등장하며 다른 품종과 배합되는 비율이 어떻게 다른가에 따라 서로 다른 개성을 지닌 와인으로 탄생한다. 일반적으로는 맛이 순한 검은 체리와 블루베리, 자두 맛, 삼나무와 바이올렛 꽃의 냄새와 초콜릿, 콜라, 꽃잎이나 풀잎 냄새 같은 것이 느껴지며 비교적 오랫동안 여운을 남긴다. 보르도의 와인처럼 은근한 과일의 맛과 튼실한 무게감을 주는 메리티지는 스테이크 같은 구운 육류와 잘 어울린다. 겨울밤에 삼십분 정도 밖에다 내놓은 정도의 차가움이나 냉장고에서 꺼낸 지 삼십 분 정도 지난 뒤의 온도에서 가장 제 맛이 발휘된다. 자세히 들여다보면 훌륭한 메리티지에서는 전체적으로 우아한 맛이 나고 숨어 있는 각 품종의 개성을 느낄 수 있다. 마치 동일한 곡조를 연주하는 교향곡을 들으면서 하나하나의 악기 소리를 들을 수 있는 것과 같다고나 할까.

미국의 메리티지는 프랑스의 보르도 와인만큼은 다양하지도, 역사가 깊지도 않다. 미국 와인의 역사는 유럽의 그것에 비하면 그야말로 하루 낮의 태양에 불과하다. 비록 나파와 소노마 밸리 그리고 캘리포니아의 허리 부분에 위치한 몬테레이, 로다이, 파소 로블스, 산타마리아 밸리 등지에서 놀랄 만큼 훌륭한 메리티지를 생산해내고는 있지만 아직 그 규모가 프랑스 보르도 와인과는 비교하기 어렵다.

메리티지라는 이름을 안 쓰지만 자기들의 이름으로 보르도식 와인을 만들어내는 유명 와이너리들도 있다. 조셉 펠프스(Joseph Phelps)의 인시그니아(Insignia), 오퍼스 원 와이너리(Opus One Winery)의 오퍼스 원 등이다. 그런 와이너리의 수는 현재 빠르게 늘고 있어서 많은 와이너리들에서 독자적인 이름을 내걸고 보르도 스타일의 와인을 생산해내고 있으며, 프랑스의 보르도와 비교했을 때에도 그 품질이 놀라울 정도로 훌륭하다.

누군가는 이별의 순간이 올 때까지는 사랑의 깊이를 모른다고 했다. 하지만 이별은 사랑의 끝이 아니다. 이별은 다만 사랑을 더욱 강렬하게 해줄 뿐이다. 메리티지는 입술 끝에서 백 송이 꽃의 향기를 부드럽게 피워낼 것이며 검은색의 과실과 원숙해진 타닌의 우아한 조화는 새벽 달빛처럼 시린 그리움을 어루만져줄 것이다. 메리티지의 우아하고 부드러운 맛은 가을이면 언제나 찾아오는 우울함을 잠시 잊어버리기에 충분하다.

오래된 사랑 노래와 시라

Wine *By the time I get to Phoenix she'll be rising*

She'll find the note I left hangin' on her door

She'll laugh when she reads the part that says I'm leavin'

'Cause I've left that girl so many times before

By the time I make Albuquerque she 'll be working
She'll prob'ly stop at lunch and give me a call
But she'll just hear that phone keep on ringin'
Off the wall that's all

By the time I make Oklahoma she'll be sleepin'
She'll turn softly and call my name out low
And she'll cry just to think I'd really leave her
Tho' time and time I try to tell her so
She just didn't know I would really go.

내가 피닉스에 도착할 무렵 그녀는 잠에서 일어날 거예요.
그리곤 문에 붙여놓은 나의 쪽지를 발견하겠지요.
'나는 당신을 떠납니다.'라는 부분을 읽고 그녀는 웃을 거예요.
전에도 나는 그녀를 몇 번이나 떠난 적이 있었으니까요.

내가 앨버커키에 도착할 즈음 그녀는 일을 하고 있을 거예요.
점심 때 내게 전화를 하겠지요.
하지만 그녀는 그저 벽을 울리는 벨소리만 들을 거예요.
그뿐이지요.

내가 오클라호마에 도착할 무렵 그녀는 잠자리에 들 거예요.

천천히 돌아누우며 나즈막이 내 욕을 하겠지요.
그리곤 내가 정말로 떠났다는 것을 깨달으며 울 거예요.
때때로 나는 이별에 대해서 얘기했지만
그녀는 내가 정말 떠날 것이라곤 생각하지 못했죠.

적막한 방에 앉아 시라를 한 잔 따르고 있을 때 문득 흘러나온 이 노래는 오래 전에 미국의 글렌 캠벨(Glen Campbell)이 불렀던 바이 더 타임 아이 겟 투 피닉스(By the time I get to Phoenix)라는 곡이었다. 멜로디가 여전히 애잔해서 지나간 날들의 감정이 솟아올랐다. 왜 오래된 사랑은 언제나 아쉽고 안타깝게만 느껴지는 것일까? 젊었을 때의 사랑은 미숙하고 너그럽질 못했기 때문이다. 가진 것도 없었고 마음도 가난했다. 용기도 없었고 개성도 약했다. 그리고 그런 것들이야말로 나를 떠나간 사람이 나로부터 바라던 것이기도 했다.

내가 만약 시라 처럼 분명한 개성을 가진 사람이었다면 사랑했던 그 사람과의 관계는 달라졌을지도 모른다. 시라의 맛과 향은 적극적이기 때문이다. 검은 후추의 매콤한 향과 맛, 약간의 초콜릿, 그리고 복합적인 양념의 향이 나는 그만의 뚜렷한 성격이 느껴진다. 그 자체로도 풍부하지만 단단한 맛의 구성 때문에 다른 와인과 섞여도 더욱 훌륭해질 수 있다는 자신감이 느껴지는 와인이다.

옛 페르시아의 시라즈가 원산지여서 시라 또는 쉬라즈라고도 불리는 이 품종은 프랑스 남부에 있는 론 지방의 것이 오랜 역사와 전통을 가지고 있다.

비록 1980년대 초까지만 해도 이 지역이 그다지 주목받지 못했지만 척박한 토양에서 생산되는 론 지방의 시라는 무게가 있고 전통적인 품위를 갖추고 있다. 남아프리카나 호주, 캘리포니아에서도 훌륭한 품질의 와인이 생산되고 있다. 캘리포니아에서는 파소 로블스 지역과 산타바바라 지역의 것들이 흥미로우며 이 지역을 중심으로 재배면적도 계속 늘어나고 있다. 호주에서 가장 많이 생산되는 품종인 시라는 대부분의 포도 재배가 국토의 남부에서 이루어지는데 거의 모든 지역의 시라가 우리에게 잘 알려져 있다. 검은 산딸기를 연상시킬 만큼 짙은 과일 향이 나는 시라는 언제나 흥미 있고 도전적이며 타닌 성분도 강해서 오래 숙성시킨 뒤에 마시기도 한다.

오래된 사랑 노래에 아직도 마음이 흔들린다면 노래를 탓해야 할까, 시라의 맛과 향을 탓해야 할까? 노래도 와인도 아니라면 실체도 없이 내 몸의 주인 노릇을 하는 내 마음을 탓해야 하는 것일까?

떠나기, 머스캣과 함께

Wine 사람은 늘 떠나고 싶어 한다. 알지 못하는 곳에 대한 호기심과 막연한 그리움을 언제나 가지고 있다. 여행을 뜻하는 travel과 고통이라는 뜻의 travail은 어원이 같다. 방랑은 인간이 가진 본능의 하나인 것 같다.

홀로 떠난다는 것은 일생에 있어서 가장 특별한 경험이 될 수 있다. 홀로 있을 때에야 비로소 자기 자신과의 대화가 가능해지기 때문이다. 깊은 내면에 잠들어 있던 영성(靈性) 같은 것이 깨어난다. 자기 자신과의 대화란 자기 자신을 발견하는 작업이다. 홀로 떠난다는 것은 그래서 우리가 할 수 있는 것들 중에서 가장 위대한 일이 될 수도 있다.

고독하다는 것은 밖으로만 뿜어지던 에너지가 자신의 내면으로 향하는 상황이다. 쓸쓸하거나 외로운 것은 고독의 외형적이고 물리적인 현상이다. 외롭기 때문에 사람들은 무리에 속하고 싶어 한다. 누군가와 함께 있음으로써 고독감을 달래보려는 것이다. 하지만 군중은 당신을 위로해주지 않는다. 군중은 어리석고 소문에 흔들리며 쉽게 흥분한다. 지혜로운 사람이 군중 속에 있었던 적은 없었다.

정신적 고독은 오히려 사람을 성장시킨다. 독일의 어느 철학자는 우리를 행복하게 해주는 것은 아주 작고 사소한 일, 책을 읽거나 음악을 듣거나 명상을 즐기거나 마당을 쓸고 꽃을 가꾸는 일 같은 것이라고 말했다. 일상의 평범한 일들을 말하는 것이다. 잘 생각해보면 행복은 한 방이 아니다. 일상의 작은 것들이다. 그리고 그것은 동양의 오래된 지혜이기도 하다. 마음의 평화는 고독을 통해서만 얻을 수 있는데 고독해지려면 혼자 있는 시간이 많아야 하고 자기 자신과의 만남과 대화를 즐겨야 한다. 고독은 우리에게 꼭 필요한 영양소와 같은 것이다. 생각해보면 우리의 위대한 스승들은 모두 광야에서, 사막에서, 숲에서 홀로 기도하고 명상했던 고독한 사람들이었다.

혼자 떠날 때 머스캣(Muscat/Muscato)은 좋은 친구가 될 수 있다. 낯선 곳에서도 변함없이 해는 떨어지고 적막한 시간은 찾아온다. 달콤한 머스캣의 향기는 육신을 둘러싸고 있는 외로움을 뚫고 촛불처럼 번져나간다. 오렌지와 복숭아의 황홀한 향은 안도의 한숨과 함께 긴장되고 피곤했던 하루를 잊게 해준다.

머스캣은 디저트 와인이다. 식사를 마치고 나서 케이크나 과일, 아이스크림 등을 먹으면서 마시기도 하지만 아무 때, 아무 자리에서도 마실 수 있는 행복한 와인이기도 하다. 알코올 도수도 높지 않고 단맛이 강해서 매콤한 중국요리나 태국음식, 월남음식과도 잘 어울린다. 머스캣은 달콤하고 향이 아름답다. 오렌지 꽃과 잘 익은 복숭아의 향이 특히 두드러진다. 그 밖에도 자두를 삶은 듯한 맛, 꿀, 무화과, 넥타, 흙, 바닐라, 건포도 등의 향이 담겨 있고 입안에서의 느낌은 명랑하고 마시는 즉시 즐거움을 얻을 수 있는 와인이다. 알코올 도수가 너무 높아서 단맛과 하나가 되었을 때 뜨거운 기분이 많이 들어서 자칫 천박하게 느껴질 수도 있다. 도수가 낮은 것이 오래 즐기기에 더 좋다.

머스캣은 전 세계에서 재배되며 가장 오래된 품종의 하나다. 그중에서도 이태리, 프랑스, 그리스, 스페인, 호주, 캘리포니아의 머스캣이 특히 우수하다. 포도 자체의 신선한 맛을 기본적으로 품고 있으면서도 섬세하고 가벼운 맛을 지닌 것이 좋은 것이다. 머스캣은 프랑스 남쪽의 론 지방에서는 주정이 강화되어 나오기도 하고, 이태리에서는 세계적으로 유명한 발포성 와인인 아스티 스푸만테를 만드는 데 쓰이기도 한다. 어떠한 모습으로 나타나든 머스캣은 향수같이 화려하고 우아한 향과 발랄하고 잘 익은 포도의 특성을 지니고 있다.

차고 푸른 하늘 밑을 빠르게 달리는 구름을 보면서 인생은 여정 같은 것이라는 생각이 든다. 태어나면서부터 죽을 때까지의 과정을 여정이라고 한다면 인생은 분명 여행이다. 그렇다면 이 세상을 살아가는 우리가 해야 할 것은 바로 그 여행을 아름답고 창조적인 것이 되게 하는 일일 것이다. 무언가를 그리워하게 되는 겨울의 초입은 사랑의 괴로움도, 즐거웠던 추억도, 힘겨운 고통도 모두 잊어버리고 바람처럼 떠나기에 좋은 계절이다.

WINE

질문

WINE

와인은 어떻게 만들어지는가?

Wine 와인은 8,000년 전 중동지방에서 최초로 포도나무를 재배하고 발효과정을 감독했다는 증거가 있는 것으로 봐서 인류문명의 시작과 함께했다고 말할 수 있다. 같은 품종, 같은 땅, 같은 기후, 같은 방법으로 해마다 와인이 만들어지지만 완성되어 나온 와인은 모두 다르다. 와인을 만든다는 것은 과학이자 예술이다. 와인 메이커들은 훌륭한 와인을 만들기 위해 조금씩 다른 방법을 사용하지만 모든 와인은 크게는 다음의 다섯 가지 과정을 거쳐 만들어진다.

1. 수확(Harvesting)

수확은 와인을 만드는 데 중요한 첫 단계이다. 포도는 자연적이고 조화로운 와인을 만드는 데 꼭 필요한 산과 에스테르(esters)와 타닌이 들어 있는 유일한 과일이기 때문에 그런 요소들이 파괴되지 않도록 수확하는 것이 중요하다. 에스테르란 산과 알코올이 작용하여 생긴 화합물로 향기가 좋아서 향료로도 쓰이는 물질이다. 타닌은 와인을 드라이하게 하고 쓴맛과 톡 쏘는 듯한 맛을 내며 와인의 수명을 오랫동안 유지하게 해주는 매우 중요한 요소이다.

포도 수확은 언제 하느냐가 중요하다. 와인 메이커들은 밭에서 직접 포도 알의 맛을 보는 것 외에도 실험실에서 과학적인 방법으로 산도와 당도, 맛의 구성을 밝혀낸 다음 정확한 수확 날짜를 결정한다. 산도와 당도는 당연히 조화로워야 한다. 대규모 저가 양조장이 아니라면 대부분은 아침 해가 떠오르기 전에 손으로 수확을 시작한다. 태양이 솟아오르면 포도 알에 묻어 있는 효모가 활동을 시작해서 산도와 당도에 영향을 미칠 수 있기 때문이다. 한밤중부터 불을 켜고 수확을 하는 와이너리도 있다. 밭에서 딴 포도는 시설이 있는 곳으로 옮겨지고 분리기계(seperator)에서 섞여 들어온 이파리나 잔가지 같은 것들을 분리시킨다. 분리된 포도 알들은 컨베이어 벨트를 타고 이동하면서 사람들이 직접 썩었거나 덜 익은 알, 새똥이나 이물질이 묻은 알, 또는 여전히 남아 있는 이파리나 잔가지 등을 손으로 걸러낸다.

2. 으깨고 압착하기(Crushing & Pressing)

사람의 손을 거쳐 추려진 포도 알들은 주스를 얻기 위해 으깨어진다. 수동식과 자동식 등 여러 가지 방식의 기계들이 있는데 양질의 와인을 만드는 큰 양조장에서는 바람 빠진 풍선이 들어 있는 큰 원통을 사용한다. 양조장의 크기에 따라 시간당 5톤에서 25톤의 포도를 으깰 수 있는 원통에 포도를 넣고 매우 느린 속도로 풍선에 바람을 주입하면 포도가 벽으로 밀리면서 천천히 부드럽게 으깨어진다. 이때 얻어진 최초의 주스를 머스트라고 부른다. 머스트는 껍질과 씨앗, 섬유질 등이 모두 포함되어 있는 상태다. 화이트 와인을 만들기 위해서는 머스트로부터 껍질과 씨앗, 섬유질을 제거한다. 원치 않는 착색과 떫은맛이 나는 것을 막는 것이다. 레드 와인은 껍질과 씨앗, 섬유질 등을 분리하지 않고 원액 그대로를 발효탱크로 옮긴다. 껍질에서는 색을, 씨앗에서는 맛과 타닌을 얻으려는 것이다.

3. 발효(Fermentation)

발효는 모든 알코올음료의 시작이자 끝이다. 머스트가 짜인 뒤에 6시간 정도 지나면 자연적으로 발효가 시작된다. 포도 자체에 묻어 있는 천연 이스트가 활동을 시작하기 때문이다. 하지만 와인 메이커들은 안정되고 지속적이며 예측 가능한 결과를 얻기 위해 포도의 품종에 따라 적합하게 배양된 상업용 이스트를 첨가한다. 발효통에 들어간 머스트는 며칠 동안을 통 안에서 머문 다음 발효가 시작된다.

이론적으로 발효는 모든 당분이 알코올로 변할 때까지 계속되는 것을 말한다. 그러나 그렇게 하면 단맛은 없어지고 알코올만 남게 된다. 와인에 단맛을 남기기 위해서는 당분이 모두 알코올로 변하기 전에 발효를 중지시켜야 한다. 발효는 포도의 품종과 목적에 따라 10일에서 한 달 또는 그 이상이 걸리기도 한다.

4. 정제(Clarification)

발효가 끝나면 정제가 시작된다. 정제란 모든 이물질들을 걷어내고 맑고 깨끗한 와인을 얻어내는 작업을 말한다. 이때 죽은 이스트(회색을 띤다)와 타닌, 단백질 등을 걸어낸다. 발효가 끝난 주스는 더 이상 머스트라고 부르지 않고 그때부터 와인이라고 부른다. 맑은 와인은 와인 메이커의 목적에 따라 오크나무통이나 스테인리스 통으로 옮겨진다.

와인을 완벽하게 깨끗이 하기 위해서 파이닝(fining)과 필터링(filtering)이라는 과정을 거쳐야 한다. 와인 메이커들은 통속의 와인에 들어 있는 지저분한 물질들을 걸러내기 위해 계란 흰자나 점토를 넣기도 한다. 그런 것들은 단백질을 흡착하는 성질이 강해서 이물질에 달라붙어 같이 굳어지면서 밑으로 가라앉는 역할을 하기 때문이다. 파이닝을 끝낸 뒤에는 필터링을 통해 혹시 남아 있을지도 모를 미생물과 발효되지 않은 당분, 이물질 등을 마지막으로 걸러낸다. 그렇게 정제된 와인은 다시 각각의 목적에 따라 다른 통으로 옮겨져서 병입을 기다리거나 숙성의 과정을 거친다.

5. 숙성과 병입(Ageing & Bottling)

숙성과 병입은 와인이 되기 위한 마지막 과정이다. 필터링을 끝낸 와인은 두 가지 길을 가게 된다. 하나는 병입되어 창고에서 몇 달 정도 안정을 취한 다음 시장으로 나가는 것이고, 다른 하나는 숙성으로 가는 것이다. 보통 중급 이상의 와인이 되기 위해서는 숙성이라는 과정을 반드시 거치는데 숙성은 스테인리스 통이나 시멘트로 만든 욕조, 또는 오크통에서 이루어진다. 다른 통과는 달리 오크통 속에서의 숙성은 와인의 맛과 향에 긍정적이고 직접적인 영향을 강력하게 주기 때문에 고급 와인의 경우에는 거의 예외 없이 오크통에서의 숙성을 거친다.

오크통을 현미경 같은 것으로 들여다보면 무수한 구멍이 나 있는데 와인은 그 구멍을 통해 숨을 쉰다. 통 안의 와인은 외부의 산소와의 접촉으로 수분이 날아가면서 원액이 강화되고 타닌을 감소시켜주고 부드럽고 원숙한 맛과 함께 최상의 과일 맛을 얻을 수 있게 된다. 숙성이 끝난 와인은 병입이 되고 코르크마개나 스크루 캡을 씌운 뒤 온도와 습도가 적당한 창고에서 다시 몇 개월을 보낸 후 완전한 한 병의 와인이 되어 출고된다.

WINE

마시다 남은 와인은 어떻게 보관하는 것이 좋을까?

Wine 모든 음식이 그렇듯 먹다 남은 와인도 이미 최상의 상태를 지났다고 할 수 있다. 그래도 잘만 보관하면 3, 4일부터 최대 일주일까지는 그 상태를 유지할 수 있고 잘 만들어진 레드 와인의 경우 맛이 오히려 조금 나아질 수도 있다.

마개를 잘 봉하여 냉장고에 넣어두는 것이 가장 쉽고 번거롭지 않으며 보편적인 방법이다. 저온 상태에서는 산화가 더디게 진행되기 때문이다. 중요한 것은 산소와의 접촉을 최소화하는 것이어서 가능하면 남은 양의 와인을 꽉 차게 담을 수 있는 다른 병에 옮겨서 보관한다. 병 안에 공기가 머물 공간을 없애는 것이다. 평소에 여러 가지 크기의 병을 깨끗이 닦아 준비해두면 좋다. 병은 와인의 색을 볼 수 있도록 투명한 것이 좋고 병마개도 완전히 깨끗하고 건조된 것이어야 한다. 처음 사용했던 코르크에는 스크루로 병을 딸 때 난 깊은 구멍이 남아 있기 때문에 와인이 샐 수 있다. 또 냉장고 안이 너무 건조해서 코르크가 빨리 말라버리기 때문에 냉장고 안의 냄새가 와인에 배어들 수도 있다. 코르크 마개라면 눕혀서, 스크루 캡이라면 세워서 보관해야 하고 가능하면 빨리 마시는 것이 좋다.

그 밖에 진공펌프를 이용하는 방법도 있고 무해하고 무색무취한 아르곤이나 질소가스를 주입하는 방법도 있다. 진공펌프는 하루 이틀 정도밖에 효과가 없는 것 같고, 아르곤가스는 주입하고 나서 냉장고에 보관하면 4, 5일 정도는 더 그 상태가 유지되는 효과적인 방법이다. 아르곤가스가 공기보다 무거워서 와인 위에 가라앉기 때문에 산소와의 접촉을 막아주는 것이다. 하지만 매우 특별한 와인이 아니라면 굳이 그렇게까지 남은 와인에 많은 노력과 공을 들일 필요는 없을 것이다. 아르곤가스는 질소보다 비싸서 가장 저렴한 캔 타입도 미국에서는 15달러는 주어야 한다. 와인이 음식이라는 것을 항상 명심하자. 다른 음식과 마찬가지의 관심과 방식으로 다뤄져야 할 것이다.

WINE

한 그루의 포도나무에서 나오는 와인의 양은?

포도의 양을 와인의 양으로 곧바로 산출할 수 있는 수학적 방식은 없다. 그렇게 하기에는 너무 많은 경우의 수가 있기 때문이다. 젊은 나무와 오래된 나무의 생산량이 다르고 경사면과 평지에서 생산되는 양도 다르다. 일반적으로 경사면에서는 평지에서 나는 양의 약 65퍼센트밖에 산출되지 않는다. 또 자라는 조건도 다 다르고 어떤 스타일의 와인을 만드느냐에 따라서도 달라진다.

보통 한 병의 와인을 만드는 데는 1킬로그램이 약간 넘는 포도가 들어간다. 한 그루 나무에서 3년 동안 7~9킬로그램의 포도를 얻을 수 있으니 평균적으로 보면 나무 한 그루당 약 3병의 와인을 만드는 셈이다. 나무의 성장이 왕성한 시기에는 산출량도 당연히 많아진다. 품질을 중요하게 여기는 고급 와이너리에서는 한 그루의 나무에서 한두 병만 뽑아내지만 저가 와이너리에서는 서너 병을 만들어내기도 한다. 고급 와이너리에서는 가장 훌륭한 송이만을 골라서 따내지만 저가 와이너리에서는 포도 알의 품질과는 관계없이 모두 따서 쓰기 때문이다.

평지를 기준으로 했을 때의 평균 산출량

- 나무 한 그루에서부터 생산되는 포도의 양 = 3.4킬로그램
- 나무 한 그루에서 나오는 와인의 양 = 3병
- 1에이커(0.4 헥타르 = 1,224평)에서 생산되는 포도의 양 = 4톤
- 1톤의 포도에서 나오는 박스(750밀리 x 12병 기준)의 수 = 60박스
- 1배럴(barrel)에 들어가는 와인의 양 = 230리터
- 1배럴에서 나오는 박스(12병 기준)의 수 = 21박스(case)

INFO

2017년도 세계 최대의 와인생산국은 이탈리아다. 하지만 상위 3위까지의 순위는 매년 조금씩 바뀌기도 한다.

1위: 이탈리아
2위: 프랑스
3위: 스페인
4위: 미국
5위: 호주
6위: 아르헨티나
7위: 중국
8위: 남아프리카공화국
9위: 칠레
10위: 독일

프랑스에서는 해마다 스페인으로부터 엄청난 양의 와인 주스를 수입해서 자신들의 라벨을 붙여서 판매한다. 포도의 수확량만으로 따지면 실질적으로 스페인이 1위인 경우가 많다. 최근에는 중국이 무시무시한 속도로 부상하고 있다. 중국은 정부 주도로 해마다 엄청난 양의 포도나무를 심고 있고 와이너리도 많이 생기고 있어서 아직은 와인종주국의 품질에는 미치지 못하지만 빠르게 발전하고 있는 나라다.

WINE

와인 한 병의 원가는?

Wine 와인 가격의 세부 내용은 쉽게 알 수 있는 사안이 아니다. 와이너리의 입장에서는 매우 예민한 부분이기 때문이다. 어쨌거나 최종 소매가는 와이너리의 생산비+브로커 마진+도매상 마진+소매상 마진이 모두 더해져서 매겨진다. 이처럼 복잡한 방식으로 결정되는 소매가의 내용을 아주 간략하게 설명해보면 다음과 같다. 와인 바나 레스토랑에서 100달러에 팔리는 와인 한 병을 예로 들면, 미국의 경우 50개 주마다 법이 다 달라서 출고가격이 조금씩 다를 수도 있지만, 보통은 19달러 정도다. 이 19달러에는 한 병의 와인을 생산하는 데 들어간 경비 즉 원료비와 마케팅비, 대출상환금, 부동산, 건물 및 장비수리, 인건비, 사무실 비용 등은 물론이고 심지어 브로커 비용까지 들어가 있다. 브로커는 전국적인 규모의 도매상과 연결되어 있기 때문에 전국적인 판매를 원한다면 피할 수 없는 중간단계다. 각 도매상에서는 브로커 마진을 포함해 레스토랑이나 소매상에 33달러 정도를 받고 판다. 레스토랑에서는 33달러에 사서 100달러 정도의 가격을 붙이고, 소매상에서는 50달러 내외의 가격을 매긴다. 최종 소비자가가 되는 소매상의 가격은 같은 와인이라 하더라도 소득이나 관심, 교육수준이 높고 낮음에 따라 지역마다 차이가 난다. 이러한 공식은 와인만이 아니라 우리가 매일 대하는 많은 물품에서도 비슷하게 적용된다. 결과적으로는 소매가의 삼분의 일 정도가 공장 생산가격이 되는 것이고 와인 바의 경우라면 그들 가격의 오분의 일 정도가 공장 생산가격이 되는 것이다.

와이너리에서 가장 큰 이익을 볼 수 있는 것은 와이너리에서 소비자들에게 직접 판매하는 방식이다. 현지에 있는 와이너리라고 해서 싸게 파는 것은 아니고 시중의 소매가격으로 팔기 때문에 중간 마진은 고스란히 와이너리에게 돌아간다. 많은 와이너리들에서 자체 테이스팅 룸을 갖춰놓고 찾아오는 고객들에게 적극적으로 시음 서비스를 제공하고 와인에 대한 지식을 전파하면서 와인을 판매하는 이유다.

그런데 10달러 이하의 저가 와인의 경우에는 가격 산출방식이 좀 다르다. 가격을 낮추기 위해서는 포도를 최대한 싸게 구입하는 것이 가장 중요하다. 그래서 저가 와인을 만들어내는 와이너리는 보통 수십에서 수백만 평에 이르는 포도밭을 소유하고 있거나 공급업체(포도생산자)와 계약을 맺고 있다. 그 밖에도 원가절감을 위해 병도 가벼운 것으로 쓰고 마개도 싼 코르크 마개로 대체하며 무엇보다 중간상인을 거치는 과정을 없애고 직접 소매상에 팔아야만 한다.

와이너리를 소유한다는 것은 꿈같이 행복한 사업이기는 하지만 성공적으로 살아남기는 쉽지 않다. 처음부터 대규모의 실물투자를 해야 하고 처음 5년까지는 수익도 전혀 나오지 않는다. 게다가 보통은 평균 7년에 한 번씩 나쁜 해가 발생하는데, 나쁜 해에는 이익이 전혀 없을 수도 있다.

WINE

와인 병 밑은 왜 움푹 파였나?

Wine 병 밑에 움푹 파인 부분을 펀트(punt)라고 부른다. 이것은 와인의 질과는 아무런 관계가 없다. 고급 와인일수록 펀트가 깊게 파였다는 말이 있는데, 틀린 말은 아니지만 그것이 진정한 이유는 아니다. 펀트의 존재 이유에 대한 분명한 이론은 없지만 설명은 분분하다.

검지와 중지를 펀트에 넣고 다른 손으로 병의 윗부분을 잡으면 병을 다루기가 쉽고, 병과 라벨을 깨끗하게 지킬 수 있기 때문이라고도 하고, 또 펀트가 와인 병 자체를 크게 보이게 해주기 때문이라고도 한다. 실제로 바닥이 평평한 병과 펀트가 깊게 파인 병을 나란히 놓고 비교해보면 펀트가 있는 와인 병이 더 크게 보인다. 침전물이 고일 수 있도록 만든 모양이라는 말도 있지만 요즘에 나오는 와인은 정밀한 필터링을 거치기 때문에 실제로 침전물이 발견되는 경우는 거의 없다. 육칠십 년 전까지만 해도 와인 병을 튼튼하게 만들지도 못했기 때문에 샴페인이나 스파클링 와인을 병입할 때 압력에 견디기 위해 만들어진 것이라는 이론도 그럴듯하긴 하지만 그것 또한 완전한 이유는 될 수 없다. 화이트 와인의 경우, 와인을 차게 하기 위해서 얼음 통에 병을 넣을 때 바닥에 있는 펀트의 깊숙이 파인 부분까지 얼음이 닿아 더 빨리 차질 수 있다는 말도 있다. 그런가 하면 오래 전에는 와인 병을 닦아서 다시 썼기 때문에 병 속을 청소하기 위해 물을 쏘았을 때 물이 보다 많은 부분에 골고루 튀어서 청소하기가 좋게 디자인되었다고도 한다. 하지만 가장 설득력 있는 이유는 병을 더 크게 보이게 하고 무게도 좀 더 묵직하게 만들어서 병을 들었을 때 왠지 더 고급스럽고 비싼 와인처럼 느껴지게 하려는 것이다.

WINE

와인의 맛을 볼 때 와인 잔을 언제나 흔들 필요가 있을까?

Wine 와인 잔을 흔들어주면 향이 깨어난다. 와인 잔을 흔드는 것은 산소와의 접촉을 통해 짧은 시간 내에 적극적으로 와인의 맛과 향을 깨우고 극대화하기 위해서이다. 와인에게는 산소가 친구이자 적이다. 와인이 처음 산소를 만나면 향이 깨어나면서 부드러워지기 시작한다. 하지만 너무 오랜 시간 산소와 닿아 있는 상태로, 예를 들어 밤새도록 테이블 위에 놓아두면 와인이 산소에 의해 산화작용이 일어나서 마치 식탁에 오래 놔둔 김치처럼 상쾌하지 못하고 김빠진 맛이 되어 버린다. 또 가끔은 쓴맛이 나기도 한다. 그런데 떫고 신맛을 띠는 어떤 종류의 와인들은 잔을 흔들 때 공기와 접촉하면서 오히려 좀 더 부드러워지기도 한다.

액체와 산소의 관계를 연구하는 과학자들은 산소와의 접촉은 와인의 맨 위 표면 부분과 와인 잔의 벽에서 가장 먼저 진행되며 잔을 흔드는 동안 밑에서 위로, 중심부에서 주위로 퍼져나가면서 와인의 섞임과 산화가 일어난다고 말한다. 그리고 이러한 섞임과 산화는 와인 잔의 모양이나 지름의 크기, 흔드는 속도 등에 따라 조금씩 다르기 때문에 어떤 잔을 선택하느냐에 따라 차이가 생긴다.

우리가 일반적으로 마시는 대부분의 와인은 숙성을 끝내고 나서 시중에 나온 상태이기 때문에 병을 딴 후에 15~20분 정도면 산소와의 접촉이 충분히 이루어진다. 잔을 계속 흔든다고 해서 없는 향이 우러나오는 것은 아니지만 가라앉은 향을 일으키는 효과는 있다. 어쨌거나 잔을 흔들어준다는 것은 애호가들이 무의식적으로 하는 자연스럽고 즐거운 일종의 의식 같은 것이라고 할 수 있다.

WINE

유명하고 비싸고 구하기 힘든 와인을 저렴하게 마셔볼 방법은 없을까?

Wine 결론부터 말하자면 이 등급을 마시는 것이다! 이 등급이라는 말은 프랑스의 고급 보르도 와인이 가격이 너무 비싸서 적은 수의 사람들만 가질 수 있게 되자 1980년대부터 몇몇 와인전문가들이 본격적으로 쓰기 시작하면서 알려지게 된 단어다. 와이너리들은 최고급 와인을 매우 비싼 가격에 팔면서 높은 수익을 올리는 즐거움을 누림과 동시에 그렇지 않은 다수의 고객들도 만족시켜야만 했다. 이 등급 와인은 그런 필요에 따라 생겨난 것이다.

이 등급 와인의 정의는 비교적 단순하다. 일등급 와인을 만들기 위해 지정되어 있는 일정한 면적의 땅을 제외한 나머지 땅에서 재배한 포도로 만들어진 것이라는 말이다. 그 땅은 일등급 지역의 바로 옆일 수도 있고 일등급 지역과 떨어져 있지만 토질이나 테루아가 큰 차이가 없는 땅일 수도 있고, 비교적 젊은 포도로 만들어진 것일 수도 있다. 보르도에서 시작된 이 등급 와인의 개념이 전 세계로 퍼지면서 보르도 스타일의 와인을 만드는 와이너리들에서는 모두 이 등급 와인을 만들어내게 되었다.

와인은 일등급이나 이 등급이나 아주 약간의 차이만 빼면 같은 방식으로 만들어진다. 일등급은 당연히 차별되고 비싼 값에 거래되어야 하기 때문에 이 등급 병에는 다른 형태와 이름의 라벨이 붙는다. 세계적인 명성을 가진 샤토 라투르의 이 등급 와인들은 해마다 와인 애호가들의 주요 타깃이 된다.

INFO

세계적으로 유명한 이 등급 와인을 소개하면 아래와 같다.

까뤼아드 드 라피트(Carruades de Lafite)

보르도 최고의 와인의 하나인 샤토 라피트 로쉴드(Chateau Lafite Rothschild)의 가격은 보통 1,000달러가 넘는다. 이 등급인 까뤼아드 드 라피트의 가격은 250달러 정도다.

파비옹 루즈(Pavillon Rouge)

보르도에서도 가장 섬세하고 우아한 최고의 와인으로 추앙받는 샤토 마고(Chateau Margaux)의 가격은 보통 800달러 정도지만 이 등급인 파비옹 루즈는 대략 200달러 내외다.

오버츄어(Overture)

오퍼스 원은 프랑스의 와인 메이커가 미국 나파 밸리의 포도로 보르도 스타일로 빚은 와인이다. 미국의 로버트 몬다비와 프랑스의 로쉴드 가문이 세계 최고의 와인을 만들자고 합작하여 세운 오퍼스 원의 가격은 보통 300달러 정도지만 이 등급인 오버츄어는 120달러 정도이다.

세컨드 플라이트(Second Flight)

현재 한 병에 1,000달러가 넘는 스크리밍 이글(Screaming Eagle)은 2012년에 세컨드 플라이트라는 이 등급을 출시했다. 젊은 포도나무에서부터 만들어진 세컨드 플라이트는 우편을 통해 회원들에게만 공급하는데 2006, 2007, 2008, 2009년산에서 두 병씩 묶어 240달러 정도에 판매하고 있다.

레 세레 누오베(Le Serre Nuove)

때누타 델 오르넬라이아(Ornellaia)는 이태리에서 가장 훌륭한 슈퍼 투스칸(Super Tuscan)을 생산해내는 와이너리의 하나다. 보통 250달러 정도에 거래되는데 이 등급인 레 세레 누오베는 60달러 정도에, 삼 등급인 레 볼테(Le Volte)는 25달러 내외로 살 수 있다.

슈퍼 투스칸 와인이란 투스카니 지역의 전통적인 포도 품종 즉, 키안티 같은 품종 외에 다른 나라가 원산지인 멀로나 카베르네 소비뇽 또는 시라 등의 품종을 섞어서 만든 와인을 뜻한다. 키안티를 만들 때 지켜야 할 정부의 과도한 제약과 까다로운 요구조건 때문에 와인 제조업자들이 따로 새로운 영역을 만든 것이다. 슈퍼 투스칸이라고 이름 지은 이유는 일반적이고 값싼 테이블 와인과 차별화시키기 위해서다. 슈퍼 투스칸 와인은 이태리의 다른 전통적인 와인들보다 더 크고(big, fullbodied) 풍부(rich)하고 현대화(modern)되었고 가격도 가볍게 100달러를 넘어간다.

귀달베르토(Guidalberto)

사시카이아(Sassicaia)는 슈퍼 투스칸과 함께 한국의 극히 적은 일부 매니아와 함께 미국이나 일본, 유럽에서 매우 인기가 높고 훌륭해서 소매가격이 200달러가 넘는 와인이다. 하지만 이 등급인 귀달베르토의 가격은 50달러 정도다.

발부에나(Valbuena 5°)

보통 450달러가 넘는 스페인의 명가 리베라 델 두에로가 만든 베가 시실리아 우니코 그랑 레제르바(Vega Sicilia Unico Gran Reserva) 대신 한 병에 180달러 정도 하는 발부에나가 있다.

WINE

와인 병의 라벨을 보면 그 와인의 가치를 알 수 있을까?

Wine 이력서만을 보고 한 사람을 평가할 수 없듯이 라벨만을 보고는 그 가치를 알 수 없다. 그러나 이력서가 그를 보장해주는 것은 아니지만 태어난 해와 출신지역, 전공 분야 등은 알 수 있어서 그가 어떤 사람인지 짐작은 할 수 있게 해준다. 와인도 그렇다. 라벨에 쓰여 있는 여러 가지 정보를 종합하면 막연한 추축으로부터 근거 있는 예측을 이끌어낼 수 있고 어느 정도는 그 가치를 말할 수 있는 것이다.

라벨을 볼 때는 무엇보다 먼저 생산지역을 아는 것이 중요하다. 어떤 품종의 포도가 어떤 지역에서 잘 자라는지를 알아야 하기 때문이다. 포도는 기온이 1, 2도만 차이가 나도 민감하게 반응하기 때문에 그 지역에 맞는 품종을 재배하는 것이 중요하다. 피노 느와나 샤도네이는 차가운 기후를 좋아하고, 카베르네 소비뇽이나 멀로는 뜨거운 날씨를 좋아한다. 크게 보면 좋은 지역이면서도 값이 저렴한 와인을 생산해내는 지역은 호주, 뉴질랜드, 스페인, 남아프리카공화국 등이다.

그 다음은 생산자가 누구인지를 아는 것이 중요하다. 모든 와이너리가 추구하는 최종 목적은 부와 전통과 명예다. 와이너리들은 한 번 벌고 끝나는 장사가 아니라 가문의 영광이 영원토록 이어지기를 바라기 때문에 좋은 와인을 빚으려고 최선을 다해 노력한다. 좋은 와인을 지속적으로 생산해낸다는 평을 받으면 시간이 갈수록 그 와이너리의 가치와 명예가 쌓이는 것이다. 그러므로 생산자가 누구인지를 알면 그가 만들어낸 와인의 신뢰도를 평가할 수 있다.

세 번째로는 빈티지를 참고해야 한다. 최근에는 빈티지가 좋지 않았더라도 기술로서 충분히 극복할 수 있는 단계까지 와 있기는 하지만 빈티지는 여전히 참고할 만한 정보다. 일반적인 와이너리라면 빈티지의 영향을 일정 부분 받을 수밖에 없다. 일조량과 강우량 등 날씨가 좋았던 해의 과일이 더 맛있다는 것은 평범한 사실이기 때문이다. 그러므로 생산지역과 생산자, 그리고 빈티지에 대한 정보가 있다면 가치를 지닌 와인을 고르기가 수월하다.

와인을 고른다는 것은 수수께끼를 풀 때와 같은 지적 흥미를 자극하는 것은 물론이고 이국에 대한 막연한 호기심을 불러일으킨다. 부동산을 구입하는 것처럼 한 병의 와인을 사는 데도 많은 정보가 필요하며 정보는 많으면 많을수록 더 좋다. 다행스럽게도 요즘은 인터넷이나 간행물을 통해 수많은 정보가 넘쳐난다. 라벨에서는 물론 기본적인 정보만을 제공하지만 그 기본정보를 가지고 우리는 더 많은 예측을 할 수 있는 것이다. 따라서 라벨만 정확히 읽을 수 있다면 와인공부의 50퍼센트는 마쳤다고 할 수 있겠다.

WINE

와인을 마시면 어떤 사람들에게는 왜 두통이 생길까?

Wine 서민들에게 친숙한 술인 막걸리와 소주는 오래 전에는 지금처럼 맛있지도 부드럽지도 않았다. 그때는 막걸리 생산업자들이 원가도 절감하고 빨리 만들어내느라고 공업용 화학물질인 카바이드(Carbide)를 사용했기 때문이다. 그런 막걸리를 마시고 나면 다음 날엔 어김없이 숙취와 두통이 뒤따랐다. 두통이 일어나는 원인은 다양하다. 의사들이나 두통 전문가들도 와인과 두통의 관련성을 나름대로 증명함으로써 그 원인을 설명하고 있지만, 문제는 그 원인이 너무나 다양하다는 것이다.

효모(yeast)가 두통의 원인일 수도 있다. 세상에는 백 가지가 넘는 이스트가 있기 때문에 그중 특정한 이스트가 두통이라는 반응을 일으킬 수도 있기 때문이다. 하지만 꼭 효모 때문이라고 말하기에는 무리가 있다. 맥주를 마시고 두통을 호소하는 사람이 와인을 마시고 두통을 느끼는 사람보다 훨씬 적다. 그런데 맥주 역시 와인처럼 효모에 절대적으로 의존해서 만들어지는 술이기 때문이다. 맥주를 마시고 두통을 호소하는 사람들의 수가 와인의 경우보다 훨씬 적은 이유는 맥주에 들어가 있는 홉(hop) 때문이라고 한다. 홉 열매는 맥주의 풍미를 조절하기 위하여 들어가는데 숙취일 때 느끼는 두통에 관련된 산화질소 신타아제의 수치를 낮춰준다고 한다.

설파이트(sulfites) 때문이라고도 하는데 그 이유는 그리 합리적이지 않다. 미국 전체 인구의 1퍼센트 정도가 설파이트에 알레르기 현상을 일으킨다고 하는데 그것은 천식 반응이지 두통 반응은 아니기 때문이다. 그 밖에 히스타민이 원인이라는 설도 있고, 아세트알데히드(acetaldehyde) 때문이라는 말도 있다. 하지만 그 어느 설도 완전하지는 않다. 따라서 두통은 우리가 알 수 없는 매우 복잡한 의학적 이유와 개인의 체질이나 특성에 따른 것이라고 보는 것이 옳을 것 같다.

술을 마시고 난 뒤에 두통과 숙취를 예방하는 방법은 상식적이다. 빈속에 마시는 것보다는 식사와 함께 또는 식후에 마시는 것이 좋고, 어울리는 안주와 함께 마시고 천천히 마시는 것이 중요하다. 와인의 알코올은 다른 술하고는 달라서 몸 안에서 천천히 흡수되고, 깨어나는 것도 더딘 편이기 때문이다. 따라서 와인은 천천히 즐기는 술이라는 것을 언제나 명심해야 한다.

WINE

와인을 보관하기에 가장 좋은 온도는?

Wine 화이트 와인이든 레드 와인이든 와인은 기본적으로 차게 마셔야 제 맛이 나는 음료다. 그리고 와인은 종류에 따라 그에 맞는 적당한 온도로 마시는 것이 중요하다. 찌개는 뜨겁게, 국은 너무 뜨겁지 않은 중간 온도로 따끈하게, 전이나 부침은 따뜻하게, 나물은 상온으로, 김치는 냉장고에서 막 꺼내서 차가운 맛으로 먹었을 때 제일 맛이 좋은 것과 같다. 레드 와인은 상온(room temperature)으로 마신다는 말이 있는데 상온이란 오륙십 년 전에 나온 표현으로, 그때는 지금보다 날씨가 평균 5~6도 정도 더 낮았던 시절이었다. 다시 말해서 상온이란 지금의 가을 날씨 정도의 기온이라고 할 수 있다. 일반적으로 화이트 와인은 레드 와인보다 더 차게 마신다. 화이트 와인이 가지고 있는 새콤하고 신맛 즉, 산도가 차가운 온도에서 더 느껴지기 때문이다. 같은 화이트 와인이라도 가벼운 것은 풀 바디보다 더 차게 해서 마신다.

마시기에 적당한 온도를 숫자로 표현해보면

• 맑고 시고 가벼운 화이트 와인

샴페인, 스파클링 와인, 피노 그리지오 등: 4도~8도

• 풀 바디 화이트 와인

오크통 숙성을 거친 샤도네이, 로제, 디저트 와인: 8도~12도

• 라이트와 미디엄 레드 와인: 13도~16도

• 미디엄과 풀 바디 레드, 포트 : 16도~19도

하지만 위에서 말한 온도는 마시기에 가장 적당하다고 생각되는 공통분모를 수치로 제시한 것에 불과하다. 편하게 마셔야 하는 와인을 온도 때문에 너무 민감하게 신경 쓰거나 까다롭다고 느낀다면 그것이 오히려 와인을 즐기는 데 방해가 될 뿐이다. 대체로 8~9도 정도에서 시작해서 최고 19도를 넘으면 안 된다고 보고, 약간의 차이는 편하게 생각하면서 마시면 된다.

WINE

장기보관하기에는 어떤 와인이 좋은가?

Wine 몇 가지 조건을 갖췄다면 비싼 와인이 성공적으로 장기보관하기에 좋다고 말할 수 있다. 비싸다는 의미는 어느 와이너리가 전통적으로 훌륭한 포도 알이 생산되는 특정한 밭에서, 그것도 그중 최고의 포도만을 엄선해서, 가장 최신의 방식과 재료를 통해(새 오크통 등), 최상급 리저브(Reserve, 리저브라는 단어는 법적인 용어가 아니기 때문에 누구라도 리저브라는 표현을 쓸 수 있다.) 와인이라고 주장하는 것을 말한다. 오래 숙성시킬 수 있는 와인은 전 세계에 나와 있는 와인 중에서 5퍼센트를 넘지 않는다. 또 비싼 와인들만 장기 보관되면서 훌륭해진다는 뜻은 아니다. 아무리 품질이 훌륭한 레드 와인이라도 보통 10~15년의 숙성기간이 최대인 경우가 많다. 장기 숙성하기 위한 와인이 되려면 포도밭에서나 양조과정에서나 매우 세밀하고 복잡한 과정을 거쳐야 한다.

성공적인 장기보관과 숙성이 되기 위해서는 포도의 품종, 만들어진 지역, 와인의 스타일, 그리고 무엇보다도 어떻게 보관되었는지가 중요하다. 예를 들면, 프랑스의 보르도나 캘리포니아 나파에서 집중적으로 키워지는 카베르네 소비뇽 품종의 와인은 전통적으로 장기 숙성시키기에 적당하다. 이들 지역은 뜨거운 낮과 차가운 밤, 카베르네 소비뇽이 좋아하는 기후와 흙이라는 조건이 갖춰져 있기 때문이다. 약간 더 더운 지역에서 자라서 더 잘 익은 포도 알로 만든 카베르네 소비뇽이라면 타닌과 산도는 같더라도 보르도나 나파의 것보다 장기보관을 했을 때 기대에 못 미치는 결과가 나오는 경우가 많다. 품종과 지역의 상관관계가 그만큼 중요한 것이다.

10년 이상을 장기 보관할 수 있는 와인은 엄청난 잠재력을 갖추고 있는 어린 피아니스트처럼 처음 몇 년 동안은 별로 맛이 없다. 모든 요소들이 탄탄하고 강력하기 때문이다. 장기보관이 잘 되는 와인이 갖추어야 할 조건을 네 가지 정도로 이야기할 수 있다.

첫째는 타닌이 튼튼해야 하고
둘째는 산도가 높아야 하며
셋째는 알코올 도수가 낮고
넷째는 발효가 끝난 후에 적당한 당분이 남아 있어야 한다.

타닌은 와인을 만드는 과정에서 포도껍질의 안쪽과 씨, 포도 알에 붙어 있는 작은 꼭지가지 등에서 추출된다. 그리고 와인을 담아 보관할 때 쓰이는 새 오크통에서도 우러나온다. 포도에서 나온 타닌과 나무에서 우러나온 타닌이 조화로운 와인은 시간이 흐르면서 부드럽게 변한다. 그처럼 타닌은 와인의 뼈대(structure)와 살(texture)을 이루는 근간이라고 할 수 있다.

처음부터 산도가 낮은 와인은 오래 숙성시키기 어렵다. 산도가 높은 와인일수록 오래 가는 와인이라고 할 수 있다. 상하기 쉬운 음식에 식초를 뿌려주면 변질이 막아지는 것과 같은 이치다. 와인이 숙성될수록 칼칼한 성질이 고쳐지면서 원만하게 바뀌는 것은 산도 때문이다.

알코올은 날아가 버리는 휘발성 물질이며 와인이 식초로 변하는 것을 재촉한다. 일반적으로 와인은 도수가 낮을수록 더 오래간다. 그래서 숙성은 대략 13.5도나 그보다 알코올 함량이 더 적게 시작해야 좋은 결과가 나온다.

장기보관을 얘기할 때는 보통 달지 않은 일반적인 레드 와인을 생각하기 때문에 자칫 발효되고 난 뒤의 잔여 당분에 대해서는 잊고 지나치기 쉽다. 남아있는 당분 때문에 숙성을 거친 뒤 포트나 쉐리, 소테른과 리슬링처럼 단 와인이 되는데 이런 와인들이 시간적으로는 가장 오래 사는 와인이다. 처음부터 위에서 말한 네 가지 요소가 조화롭지 못한 와인이라면 아무리 오래 장기 숙성을 해도 좋아지기 어렵다.

WINE

테루아란 무슨 뜻인가?

Wine 테루아(Terrior)란 어느 특정지역의 농산물 예컨대 와인이나 커피, 초콜릿, 담배, 맥아, 토마토, 밀, 차 등과 관계된 지리학적, 지질학적 기후의 특징을 뜻하는 말이다. 보통 프랑스 말로 떼루아라고 발음하는데, 글자 그대로 해석하면 땅 또는 흙이라는 뜻이지만 오늘날에는 땅이나 흙 말고도 그것들과 연관된 모든 것, 즉 지역이나 기후, 날씨, 토양, 강우량, 산세, 높이, 바람 등 한 송이의 포도가 열릴 때까지의 모든 환경을 뜻하는 것으로 바뀌었다. 같은 품종이라 하더라도 지역마다 테루아가 다르기 때문에 개성이 다른 와인들이 만들어지며 그래서 유럽 와인들은 포도의 품종 대신 그 포도가 자란 지역을 상표이름으로 쓰게 된 것이다. 지역에 따라 어떤 지역은 다른 지역보다 더 많은 테루아를 지닐 수 있다.

기후는 크게 두 지역으로 나눌 수 있다. 차가운 기후와 그와 반대인 더운(또는 따뜻한) 지역이다. 일반적으로 더운 지역의 포도는 당도가 높고 과일의 맛과 향을 더 띠는 반면, 차가운 지역의 것은 산도가 높고 채소의 맛과 향을 더 띤다.

세상에는 수백 가지의 흙과 돌, 철분(mineral)의 종류가 있는데 특히 와인용 포도밭으로는 보통 여러 가지 성질을 지닌 흙이 있는 지역을 선호한다. 포도가 흙에서 다양한 성분을 얻기를 바라기 때문이다. 흙의 성분이 직접적으로 포도에 어떤 특별한 맛을 주지는 않지만 어떤 종류의 흙이 티백(tea-bag)의 역할을 해서 포도에 그 성분의 힌트를 준다. 예컨대 화강암 흙에서 자란 포도로 만든 와인의 맛을 보면 어떤 전문가들은 젖은 콘크리트 같다거나 자갈 맛 같은 것이 난다고 표현한다. 포도밭의 높이(altitude)도 매우 중요한 변수다. 높은 지역에서 자란 포도는 차가운 밤의 온도 때문에 산도가 강화되기 쉽고 온도도 다르고 흙도 다르다. 높이와 함께 산세, 계곡 등의 지형, 주변 식물군들의 분포, 강이나 호수 등이 모두 영향을 준다. 그 밖에도 사람에 의한 후천적인 요소들 즉, 가지치기(pruning)의 방법, 관계(irrigation), 수확시기, 효모의 종류, 발효 시의 온도, 정제와 필터링 등 모든 과정이 테루아의 범위에 들어간다.

빈티지란 무슨 뜻인가?

사전적 의미로는 '우수한 와인이 생산된 연도 또는 장소'를 뜻한다. 비슷한 단어는 연도(year)다. 와인 병 라벨에 적혀 있는 연도 수는 지극히 드문 경우를 제외하고는 포도를 수확하고 그것을 와인으로 만든 해를 뜻한다. 캘리포니아 산 와인은 연도를 표기할 때 법에 따라 반드시 그 연도에 생산된 포도가 최소한 95퍼센트는 쓰여야 한다는 규정이 있다.

날씨는 아버지 같은 역할을 한다. 태양과 바람을 주고 구름과 비를 만들어주면서 포도나무를 키운다. 그런데 그 상황은 해마다 다르다. 태양은 충분히 뜨거웠는지, 강우량은 적절했는지, 수확하는 계절에 비가 내려서 포도 알이 영향을 입지는 않았는지 등 어느 한 해도 같은 날씨는 없다. 결국 날씨를 비롯한 그해의 모든 조건을 보고 빈티지(Vintage)가 훌륭하다든지 그렇지 않다고 얘기하는 것이다. 그래서 빈티지에 대해 알면 어느 와인의 성장배경을 이해할 수 있고 나아가 그 품질을 가늠하는 데에도 도움이 된다. 한 가지 중요한 사실은 어느 한 해의 빈티지가 좋았더라도 그것은 어느 특정한 포도품종에게 좋았다는 것이지 그 지역의 모든 품종에게 좋았다는 의미는 아니다. 품종마다 좋아하는 날씨가 다르기 때문이다.

와인 가격은 빈티지에 따라 차이가 심하다. 특히 유럽이 그렇다. 유럽의 날씨는 매년 기후 변화가 심해서 예측하기가 힘들고 좋은 날씨를 만나기도 쉽지 않기 때문이다. 훌륭한 와인을 만드는 데 가장 중요한 조건은 무엇보다 먼저 훌륭한 포도 알을 생산해내는 것이다.

오늘날의 과학은 빈티지에 절대적인 가치를 부여하지 않아도 될 만큼 발달되어 있다. 포도송이가 자랐던 그해의 기후 조건이 매우 중요하기는 해도 훌륭한 와인을 만들어내기 위한 사람들의 노력과 과학적 접근방식은 전문가가 아니라면 그 차이를 느낄 수 없을 만큼 기후의 영향으로 생기는 약점을 만회하고 좋은 와인을 만들어낼 수 있게 되었다. 하지만 여전히 몇 군데 유명 지역의 빈티지를 이해하고 있으면 와인을 마실 때 풍성한 이야기꽃을 피울 수 있다.

WINE

타닌이란 무엇인가, 와인에 왜 중요한 요소인가?

Wine 녹차나 감에서 느낄 수 있는 떫은맛이 바로 타닌이다. 식물이나 씨앗, 나무, 나무껍질, 이파리, 과일껍질 등에서 자연스럽게 만들어진 폴리페놀 성분이다. 타닌은 와인의 약간 쓴맛, 떫은맛과 함께 복잡한 맛의 중심이 되는 요소다. 우리 몸의 뼈대와 같은 것이라고 할 수 있다. 타닌은 포도껍질의 속과 씨앗 그리고 줄기에서 우러나오기 때문에 처음 주스를 짜낼 때 매우 부드럽게 압착해서 불필요하게 많은 양이 나오지 않도록 해야 한다. 포도껍질과 씨앗과 줄기를 오랫동안 주스에 섞여 있게 놔두면 더 많은 타닌 성분과 진한 색을 얻게 된다.

타닌은 자연방부제의 역할도 하고 와인의 골격이 된다. 와인을 오랫동안 버티게 해주는 기둥이라는 뜻이다. 그래서 타닌은 와인을 장기적으로 숙성시킬 수 있게 해주고, 세월이 지나면서 와인을 부드럽고 복잡한 구조를 가질 수 있게 해준다. 타닌은 입안에서 특히 혀의 앞부분과 중간에서 느껴진다. 와인을 처음 입에 물었을 때 양쪽 볼에 넣어보면 타닌의 정도를 쉽게 느낄 수 있다.

타닌을 많이 함유하고 있는 음식은 찻잎, 껍질이 있는 땅콩, 호두, 아몬드, 다크 초콜릿, 계피 등의 향료와 석류 등이며 와인에서는 카베르네 소비뇽, 네비올로, 템프라니요, 페티 시라 등에 특히 많이 함유되어 있다. 타닌이 적은 품종은 바베라, 진판델, 피노 느와, 프리미티보, 멀로 등이다.

와인의 타닌은 와인의 산화작용을 더디게 해주기 때문에 레드 와인은 오래 저장하고 숙성시키기에 적당한 것이다. 우리 몸 안에서 항산화작용을 하기 때문에 건강에도 좋다.

WINE

다리 혹은 눈물이란 무엇인가?

Wine 와인 잔을 흔들고 나면 잔 안의 벽을 타고 흐르는 자국이 보이는데 그것을 다리(leg) 또는 눈물(tears)이라고 부른다. 눈물은 예술적 감각이 풍부한 프랑스식 표현이다. 다리는 와인과 유리잔, 물과 와인에 함유된 알코올의 상관관계에 따라 만들어진다. 와인 속에 들어 있는 알코올이 증발되면서 물로 변하는 과정에서 다리가 흘러내리는 것이다. 다리의 모습과 흘러내리는 현상은 방 안의 온도와 습도에 따라 달라질 수 있다.

두꺼운 느낌으로 천천히 흘러내리면 알코올 도수가 높다는 의미다. 와인 속의 단 성분(당분)은 그 점도 때문에 다리가 천천히 흘러내리게 만든다. 다리가 흘러내리는 것으로 와인 잔이 더 매력적으로 보일 수는 있지만 그것으로 와인의 내용을 얘기할 수는 없다. 다리나 눈물은 고급 와인인지 아닌지를 가리는 척도가 아니라 와인에 포함되어 있는 알코올의 정도를 추측할 수 있는 중요한 과학적 현상일 뿐이다. 와인 병을 따지 않은 상태에서 병을 흔들었을 때는 그 안에 다리나 눈물이 생기지 않는다. 증발이 일어나지 않기 때문이다. 증발은 다리가 흘러내리는 중요한 요소다.

WINE

코르크와 스크루 캡에는 어떤 차이가 있으며 어느 것이 더 나을까?

Wine 코르크(cork)는 1400년경 근대적인 모습을 갖추기 시작한 유럽에서부터 지금까지도 의심의 여지없이 와인용 마개로 사용되어왔다. 코르크는 자연의 산물일 뿐만 아니라 팽창성이 좋아서 병에 담긴 와인을 별 문제없이 오랜 시간 동안, 길게는 백 년까지도 잡아둘 수 있다. 물론 내용물의 품질에 대한 보장은 할 수 없다. 그래도 숙성의 효과는 증명되었다. 하지만 지난 40~50년 전부터 코르크 마개는 와인이 변질되는 문제에 대한 대답을 강요받아왔다. 코르크는 비용도 많이 들고(스크루 캡보다 두세 배가 더 비싸다) 자연적이긴 하지만 공급에 한계가 있다. 품질도 일정하지 않고, 숨을 쉰다고는 하지만 그것도 균일한 것이 아니다. 코르크는 또 십 년 정도 지나면 삭아서 부서지기 시작한다. 병을 딸 때도 곤혹스럽고 마실 때도 불필요한 노력이 요구되는 것이다. 코르크의 치명적인 약점은 무엇보다 트리클로로아니솔(Trichloroanisole, TCA)이라는 화합물에 쉽게 오염된다는 것이다. TCA가 몸에 해로운 것은 아니지만 코르크가 TCA에 오염되면 젖은 신문지나 마분지 냄새, 축축한 지하실의 곰팡이 냄새 같은 것이 느껴져서 와인이 본래 지니고 있던 맛과 향을 느끼지 못하게 된다. 어떤 조사에서는 그 오염도가 10퍼센트도 넘는 것으로 나타났지만, 우리의 후각이나 미각이 미처 느끼지 못하는 것뿐이다.

1980년대부터 와인의 수요가 늘어나면서 코르크의 생산량도 증가했는데 싸고 불량한 코르크가 대량생산되면서 와인 메이커들의 불만도 급증했다. 그래서 그 대용품으로 만들어진 것이 스크루 캡이고(우리나라의 소주병이나 바카스의 병마개) 플라스틱으로 만든 인조 신세틱 코르크(synthetic cork)도 시장에 등장했다. 스크루 캡은 1964년대부터 쓰이기 시작했는데 주로 저가와인용이었다. 지금은 중급 수준의 와이너리에서 주로 화이트 와인에 쓰기 시작하면서 사용량이 빠르게 늘고 있다. 특히 호주에서는 거의 모든 와인 병에 스크루 캡을 쓴다.

스크루 캡의 장점은 무엇보다 먼저 TCA에 의한 손상이 없다는 것이다. 주로 알루미늄으로 만들어지기 때문이다. 소주병처럼 따기 쉬울 뿐만 아니라 다시 닫고 저장하기에도 편리하다. 세워서 보관해도 되고 신선한 과일의 맛을 유지하는 데도 탁월하다. 장기 숙성이 가능하다는 연구결과도 얻었다. 하지만 코르크에 비해 스크루 캡의 치명적인 약점은 바로 '기능만 있고 문화가 없다'는 것이다. 사람들은 처음 와인 병을 딸 때 호기심과 축제의 기분을 만끽하면서 '뽕' 하는 소리를 기대하게 되는데 스크루 캡에는 그런 전통이 없다. 코르크 마개를 들여다보면서 한 마디씩 하는 재미도 없어져버리고.

최근에는 코르크와 모양과 크기, 색깔이 같은 플라스틱으로 만든 인조 코르크인 신세틱 코르크가 시중에서 널리 쓰이고 있다. 인조 코르크의 안전성, 신축성, 환경성에 대한 문제가 제기되어 그에 따른 연구도 진행되고 있지만, 대부분의 저가 와인은 모두 인조 신세틱 코르크를 쓰고 있는 것이 현실이다. 그런데 싼 인조 코르크라고 해서 무조건 거부하는 것도 맞지 않는 생각이다. 현재 시중에 나와 있는 대부분의 와인은 어떤 종류를 막론하고 지금 마시기에 적당한 것이지 일 년 이상을 기다리며 숙성의 효과를 기대하는 것들이 아니기 때문이다.

요즘 와인은 쉽게 부담 없이 매일 대하는 약알코올음료이기 때문에 너무 진중한 자세로 대하는 것은 자연스럽지 않다. 와인은 전통과 낭만을 가지고 있는 하나의 음료일 뿐이다. 와인을 좋아하는 사람으로서 와인을 더 잘 보관할 수 있는 과학적 방법이 있다면 당연히 새로운 방식을 받아들이는 데 주저할 이유가 없다. 세계 최고의 농업대학인 미국의 유씨 데이비스(UC Davis)에서 진행된 더블 블라인드(double blind)의 1차 연구결과에서는 마개로서의 우수성에서 스크루 캡이 1위, 인조 신세틱 코르크가 2위, 자연산 코르크가 3위를 차지했다. 일 년에 10만 케이스를 만들어내는 어느 중급 와이너리의 와인 중 1퍼센트가 TCA 손상을 입었다고 가정하면 12,000병의 오염된 병이 나오는 셈이다. 2013년 코르크 품질위원회(Cork Quality Council)에 의한 코르크마개의 오염도 조사에 따르면 전체 와인의 7퍼센트가 TCA에 오염된 것으로 집계되었다.

WINE

와인 병의 라벨은 어떻게 뜯어낼 수 있을까?

Wine 미국의 세계적인 과학잡지 파퓰러 메카닉스(Popular Mechanics)에서 와인 병의 라벨을 확실하게 떼어내는 방법에 대해서 가장 효과적인 두 가지 방법을 발표했다. 하나는 오픈하지 않은 새 병으로부터 떼어내는 방법이고, 다른 하나는 빈 병에서 떼어내는 방법이다.

새 병의 라벨을 뜯어내는 방법

1. 와인 한 병이 들어가는 용기에 상온의 물을 채우고 베이킹소다를 밥숟갈로 대여섯 숟갈 정도를 풀어 넣는다. 용기가 작으면 다섯 숟갈, 크면 열 숟갈 정도가 좋다. 라벨이 붙어 있는 쪽이 물에 잠기도록 하고 30분 정도를 담가둔다.

2. 병을 건져낸 뒤 깨끗하고 건조한 수건이나 헝겊 같은 것으로 조심스럽게 닦아낸다. 라벨은 미끄러지듯 움직인다. 잘 떨어지지 않으면 예리한 칼끝이나 손톱 끝으로 모퉁이에서부터 조심스럽게 들어올린다. 병 속 와인의 질에는 전혀 영향을 주지 않는다.

3. 라벨이 떨어져나간 새 병을 완전히 깨끗이 말려서 상온에서 자신이 원하는 라벨을 다시 붙일 수 있다.

빈 병의 라벨을 뜯어내는 방법

빈 병을 뜨거운 물로 가득 채우고 10분 정도 기다린다. 이때 베이킹소다를 풀어 넣으면 더 효과적이다. 수도꼭지에서 나오는 뜨거운 물도 괜찮지만 펄펄 끓인 물이 병 안에서 더 오래간다. 대부분의 경우 뜨거운 물의 열기가 라벨 밑의 접착제를 부분적으로 녹여내기 때문에 칼끝이나 손톱 끝을 이용해서 조심스럽게 들어올릴 수 있다.

요즘은 라벨을 뜯어내는 노력을 하지 않는다. 성가시기 때문이다. 대신 인터넷과 스마트폰의 발달로 대부분 간단하게 사진으로 찍어서 보관한다. 남들에게 보여주기도 쉽고 언제 어디서든 다시 볼 수 있어서 편리하다. 보다 전문적으로 사진을 찍어 보관하려면 일정한 조건과 방식으로 찍어야 할 것이다. 어쨌든 자기가 마신 와인의 라벨을 수집하는 것은 그 와인에 대한 기억을 오랫동안 간직할 수 있는 즐거운 일이다. 우표수집 책처럼 만들어서 보관하면 더욱 흥미로울 것이다. 레스토랑에서 와인을 마신 뒤 빈 병을 가져가도 되는지 물어보는 것은 전혀 어색한 요청이 아니다. 어떤 식당에서는 오히려 그런 요청을 기쁘게 생각한다.

WINE

와인 병에 표기되어 있는 설파이트란 무엇인가, 설파이트 첨가란 무슨 뜻인가?

Wine 아황산염 혹은 이산화황이라고 불리는 것으로 포도를 비롯한 과일이나 채소 등이 발효를 거칠 때 발생하는 자연적인 부산물인데 사람 몸에서도 생긴다. 와인에는 이미 자연 생성된 설파이트가 들어가 있지만 와인 메이커들은 보다 일률적이고 정확한 맛과 신선함을 유지하기 위해, 그리고 박테리아로 인한 부패를 방지하기 위해 소량의 설파이트를 첨가한다. 레드 와인에는 이미 방부제 역할을 하는 타닌 성분이 있기 때문에 화이트 와인에 더 많이 들어간다.

와인의 산화와 부패 혹은 변질을 막기 위해 인류는 오래 전부터 설파이트의 역할을 하는 다양한 물질과 방법을 사용해왔다. 설파이트라는 물질이 쓰이기 시작한 것은 1900년도 초부터인데 당시에는 박테리아나 곰팡이가 피는 것을 방지하기 위한 것이었다. 설파이트는 와인의 색소를 추출하는 작용도 하기 때문에 레드 와인을 더욱 붉게 해주는 이점도 있다.

품질은 생각하지 않고 대량 생산해내는 저가 와인에는 설파이트를 과도하게 넣는 경우도 있는데 후각이 매우 예민한 사람들은 그 냄새를 맡기도 한다. 병을 처음 열었을 때 나는 기분 좋지 않은 냄새로, 익힌 계란 냄새와 비슷하다. 그런 냄새는 마개를 따서 이삼십 분 정도 놔두면 사라진다.

소주나 맥주 같은 다른 알코올음료를 마셨을 때는 아무 문제가 없었는데 와인만 마시면 천식 증상이 일어난다면 미국 전체 인구의 1퍼센트에 해당하는 설파이트 알레르기 현상에 해당되는 것이라고 볼 수 있다. 그 때문에 미국에서는 10피피엠(ppm) 이상의 설파이트가 들어갔을 때는 '설파이트 첨가(Contains Sulfites)'라는 문구를 넣도록 법으로 명시해두었다. 우리가 일반적으로 마시는 드라이 레드 와인 한 병에는 350피피엠 이하가 들어 있고, 말린 과일에는 3,500피피엠, 감자튀김에는 2,000피피엠, 콜라 같은 소다수에는 400피피엠이, 과일잼에는 250피피엠 정도의 설파이트가 함유되어 있다.

WINE

레드 와인은 언제나 디캔트를 할 필요가 있을까?

Wine 우리가 마켓에서 쉽게 구해서 마실 수 있는 일반적인 와인은 거의 대부분이 숙성이 따로 필요 없는 것들이다. 그대로 병을 열고 마시면 될 정도로 기본적인 숙성을 마쳤고 정밀한 필터링을 거쳐 침전물이 발견되는 경우도 거의 없는 상태의 것들이기 때문이다. 와인은 대부분 첫 잔부터 마지막 잔까지 잔에 담고 천천히 흔들면서 마시기 때문에 그것만으로도 자연스럽고 충분하게 디캔팅(decanting)의 효과를 얻을 수 있다. 하지만 비싸고 귀한 와인이나 젊고 강한 풀 바디 와인, 그리고 침전물 같은 것이 보이는 오래된 와인이라면 디캔팅은 당연히 필요하다.

오래 보관되어 있어서 그 향과 맛을 잃어버리기 시작한 와인이라면 디캔팅으로 오히려 남아 있는 과일이나 꽃의 향을 날려버릴 수도 있기 때문에 짧게 하는 것이 좋다. 반대로 젊고 강한 와인은 디켄터에 옮길 때에도 적극적으로 쏟듯이 붓고 최소 30분 정도는 공기와 접촉시켜줘야 한다. 와인은 약알코올의 발효된 포도주스일 뿐이다. 특별한 와인이 아니라면 와인은 의식을 행하듯 심각하게 대하지 말고 소주나 맥주를 마실 때처럼 편하게 즐기면 된다.

슬픈날엔 샴페인을